快速 建筑设计与表现

主　　编：梁锐　张群

编著人员：李岳岩　周文霞　赵宇　马纯立　党宏伟　刘高波

中国建材工业出版社

图书在版编目（CIP）数据

快速建筑设计与表现/梁锐，张群主编.
—— 北京：中国建材工业出版社，（2020.1重印）
ISBN 978-7-80159-979-7

Ⅰ．快… Ⅱ．①梁…②张… Ⅲ．建筑设计 Ⅳ．TU2

中国版本图书馆CIP数据核字（2005）第124266号

快速建筑设计与表现

梁锐 张群／主编

出版发行：中国建材工业出版社
地址：北京市海淀区三里河路1号
邮编：100044
经销：全国各地新华书店
印刷：北京印刷集团有限责任公司印刷二厂
开本：787mm×1092mm 1/12
印张：11.5
字数：210千字

版次：2006年1月第一版
印次：2020年1月第七次
定价：68.00元

本社网址：www.jccbs.com.cn
本书如出现印装质量问题，由我社发行部负责调换。
联系电话：010-88386906

前 言

QianYan

"快速建筑设计与表现"是建筑学、环艺、园林专业学生需要掌握的一项重要技能。它通常要求学生在规定的6～12小时内完成一项中等复杂程度的建筑（环艺、园林）设计，一般规模不大、功能也较为常见，成果则要求有系统而完整的分析、构思，并通过画面形式手绘表达出来。

快速设计可以反映出设计者的专业综合素质，包括设计水平、表现技巧、思维广度，甚至应变能力和心理素质等等。

在社会实践中，"快速设计"常常被作为考核毕业生和建筑师的重要手段，研究生入学考试、设计院考核新进毕业生，甚至取得建筑师执业资格都要经过快速建筑设计的测试，尤其是毕业学生在求职、择业、升学过程中，快速建筑设计考试成绩往往起到非常重要的作用。

另外，随着建筑市场竞争的日益激烈，具备这样的综合能力对建筑师来说尤为重要。因为建筑师在日后工作中所面临的课题，再也不是教学中历时几个月的"长题"，在现实的工作环境中，方案从接手到脱手，一般也就10～20天。在短暂的数天内完成基地调研、现状分析、方案构思以及图纸绘制工作，并期望取得理想的成果，的确要求建筑师具备过硬的业务素质。

然而，当前许多高校缺少这方面专门课程，也缺少相应的参考书籍。在教学过程中，作者发现许多学生在表述设计意图和手绘之间难以找到契合点，常常不知从何下手，导致许多原本在五年学习中设计成绩不错的学生，在毕业前却难以从容应对研究生入学考试或设计单位的考核。

为提高学生考研和就业的必备综合专业技能，作者根据教学工作中积累的心得与体验，在本书中讲解了快速建筑设计的步骤、表现方法，介绍了不同性质快题考试的考核重点，提供了一些应试技巧。同时选出一部分考试题、例图进行分析点评。

本书可以帮助建筑学及其相关专业（环艺、园林）的学生在中高年级（尤其是毕业前）进行应试学习，也可以作为低年级学生开始接触专业学习时的辅导书，对于设计工作者来说，本书也有一定的参考价值。

本书结构由西安美术学院建筑环境艺术系教师梁锐，西安建筑科技大学建筑学院教师张群提出并承担主要编写工作。西安建筑科技大学建筑学院教师李岳岩、周文霞、赵宇、马纯立等参与了该书的编撰。西安市建筑设计院党宏伟建筑师和西安市政设计院刘高波工程师负责本书规范部分的整理工作。

目 录
Contents

1 概　论

1.1 快速设计综述

快速设计是一种特殊的设计工作方式，通常在介入工程前期，建筑师需要表达自己的设计构思、推敲方案，或者在较短的时间里表达出稍纵即逝的设计灵感，都需要突破常规的设计程序，在短时间里高效地拿出优质的设计方案。在这种快速的设计工作过程中，设计者可以在很短的时间内"吃透"设计任务要求，完成简练的方案构思、比较、决策，同时对设计成果的表现形式（虽然不像正式设计成果一样做严格要求），要求有良好的手绘图面效果。

随着我国建筑市场的蓬勃发展，建筑师们面临的工作环境常常是"时间紧、任务重"，一方面饱满的设计任务让人应接不暇，另一方面，设计市场的竞争也日益激烈。有时要在很短的时间内拿出设计方案去投标，有时又需要应急拿出设计方案供领导决策或说服甲方，这些都要求建筑师具备快速设计的能力以应对可能会遇见的各种工作状况。

近年来，快速设计又成为一种考核设计人员的手段，研究生入学、毕业生就业、建筑师取得执业资格都需要经历6～8h的快题考试。这是因为快速设计不但是建筑师在工作中需要具备的业务素质，而且还是反映各种综合能力的有效手段。

首先，快速设计水平的高低能够体现出建筑师的思维能力和创造力。建筑设计是一个通过图示的手段，合理平衡各项要素，创造性地解决各种矛盾的过程。建筑师在开始接触设计项目时就面临着各种等待整理和分析的错综复杂信息，例如，需要综合评价场地的外部环境，哪些条件是对设计的制约，哪些又能被设计所用；在这样的背景下，还需要巧妙构思，立意创新，把设计条件上的制约转化成创作灵感的来源，最后利用建筑语汇将设想表述出来。直到项目完成，各个阶段都需要建筑师具备良好的思维创造能力。

思维创造能力对于专业水平的提高举足轻重，光靠考试前短期的临阵磨枪是难以突击获取的，它只能通过长期设计实践的潜移默化，随着经验的积累来培养锻炼。设计者应当在平时的学习和工作中，以严谨的态度对待每一个环节，勤于与人交流沟通，逐步积累。

其次，快速设计能力也反映出设计者的计划能力和应变能力。一方面，要在有限的时间内完成大量工作，比如迅速读懂任务书、分析设计要求、评价主次矛盾、打开设计思路、推敲方案并完成图纸绘制等，没有一定的计划能力是难以胜任的。另一方面，面对任务书中提及的众多要求，设计条件很难立刻一一满足，必须灵活应变，准确抓住主要矛盾，忽略甚至放弃次要矛盾。这需要应试者遇事不慌从容应对，即使在遇见难度较高或不熟悉的设计任务时也能够有条不紊地做出时间安排，不至乱了阵脚。

工作计划和应变反应不要指望在考试中灵机一动做出，相反，应当在平时课程设计中有目的地培养这种能力。每一次作业都应做出详细的计划，包括每一次草图的时间、深度、重点解决的矛盾等内容，同时根据每个进度的安排取舍涉及内容的深度。

再次，通过快速设计成果还可以反映出建筑师的业务素养。一般来说，快速设计通过工具手绘，甚至是徒手进行设计成果表现。出色的设计表现不但能够打动甲方，也有助于方案的推敲，甚至可以在考试中弥补方案上的缺陷。徒手勾画记录快速设计的思维过程，拥有计算机辅助设计所不能及的优势，从模糊的初步意向到逐步明晰的设计思路，只有手绘才能快速捕捉住稍纵即逝的设计灵感，和高效地反复修改推敲。优秀的图纸不但图面线条流畅，表现方法得当，就连图纸本身的构图排版也令人赏心悦目，从设计者手绘图面的熟练程度完全可以判断出设计者的业务功底和修养。

手头功夫的掌握虽然需要扎实的基本功，但是通过有目的地训练，可以在备考前的数月时间内，得以迅速提高，这一点将在后面的章节中继续讨论。

1.2 快速设计深度

由于快速设计特点，其对设计成果的要求也与平时的课程设计、工程项目不同。不同类型的快速设计考试，尽管在题目要求上会有各自具体的规定和描述，但对深度的基本要求还是存在着某种相似性，应试者应当尽量满足这些要求。

一方面，快速设计难以像实际工程设计、课程设计那样深入平衡设计中的各种因素，甚至满足功能上的合理性、技术上的先进性、经济上的适用性。在这样的工作过程中，通常只要求设计者重点解决全局性矛盾，抓住解决影响总体方案的大问题，而不拘泥于处理方案的细节。例如在妥善解决功能分区、交通流线组织、造型设计、环境布置等问题的基础上，除非题目明确提出要求，没有必要再对具体的构造处理、卫生间洁具、房间家具布置

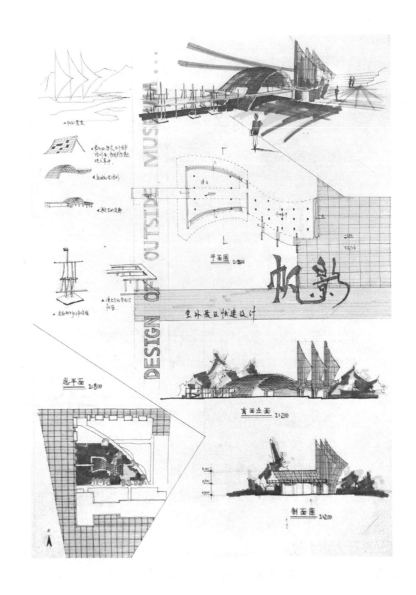

此图，是一套快速设计图纸，我们可以借此了解快速设计的设计成果应当做到哪种程度。在这张图中，作者通过平面、立面、透视、分析图等表达了自己巧妙的设计构思，甚至对展台提供了空间组合的可能性，并没有因为是快速表现的成果而省略掉大致的轴线尺寸、标高、比例关系，同时并没有过分拘束于节点构造等细微末节。

等问题"抠"得过细。这不但是因为在具体工作中，前期方案修改的可能性很大，许多细节设计可能都会因为方案全局性的调整而不复存在；而且还因为应考时，在有限的时间内过分追求细枝末节也很容易顾此失彼，浪费时间，失去对方案的全局把握。

另一方面，在有限的时间内完成快速设计的方案构思与表达，意味着设计成果很难达到课程作业或者正式施工图的深度，但是并不能因此就减少图纸内容，成果仍然应当是一套完整的图纸，表达出的是一个完整的设计构思。换言之，虽然深度可以略微削弱，表现手法可以不拘一格，但是各项内容仍然应当齐全（除非题目明确提出具体要求，例如只设计平面或者立面造型）。快速设计的方案虽然不一定实施，但是应当有继续深入研究的可能，不能为了过分追求新奇的造型而放弃功能和结构的合理性。因此图纸上所表示的总图，平、立、剖面图应当尽可能地成为有机整体，能够凭此建立起完整建筑空间形象，同时也可以为下一阶段的方案发展提供可靠的设计文件。

1.3 快速设计作品评价

许多同学常常遇到这样的情况，明明"画"得很漂亮的方案，却得不到意想中的高分，看上去平平的方案，却得到较好的评价，得到设计作业成绩后，心里也是糊里糊涂的，甚至对评卷人产生质疑。什么样的设计作品才能够被称为优秀作品？一般来说，在评价一个快速设计作品时，确实存在某些原则性的指标可遵循。把握这些原则，在今后做设计时就能做到有的放矢，对于同学们指导自己的学习有重要意义。

总平面布置

1. 分项评价指标：

(1) 建筑场地出入口与城市道路连接合理；

(2) 正确处理建筑与特定条件的结合与避让，同周边道路条件、自然环境、历史文化环境与建筑物形成良好、和谐的对话关系；

(3) 对用地内设置限定条件（如保留古树、水体、古塔、原有建筑物、地形变化等）的考虑；

(4) 场地内部道路安排与交通组织；

(5) 地面停车的考虑、地下室出入口位置的选择；

(6) 所有用地内设计要素是否符合相关法规规范的要求；

(7) 总体空间处理及序列组织。

2. 常见问题：

(1) 建筑缺乏与环境的联系；

(2) 对于基地内特定条件缺乏考虑，处理不当；

(3) 场地内交通组织混乱，如道路安排不当、出入口选择不合理等。

功能分区

1. 分项评价指标：

(1) 功能分区明确，合理安排各种内容不同的区划（如洁污、动静、私密开放等）；

(2) 平面和竖向功能分区合理；

(3) 妥善安排辅助用房（卫生间、盥洗室等）的布局与设计；

(4) 良好的建筑物理环境（通风、采光、朝向等）；

(5) 准确控制建筑面积与各房间面积。

2. 常见问题：

(1) 分区混乱，或者缺乏分区的概念；

(2) 建筑室内外关系混乱；

(3) 对应不同功能的面积分配不合理，如交通面积过大等。

交通流线组织

1. 分项评价指标：

(1) 建筑物主要出入口与次要出入口的位置选择合理；

(2) 出入口处留有一定空间；

(3) 各股人流、物流组织清晰，流线通顺简洁且互不干扰交叉；

(4) 合理设置交通枢纽（楼、电梯等）及相关交通空间（楼梯厅、电梯厅、走道等）。

2.常见问题：

(1) 出入口位置不当，空间导向不明确；

(2) 缺少集散空间，建筑出入口处交通组织混乱；

(3) 交通流线交叉、迂回；

(4) 楼梯数量不够、位置不当，楼梯之间的距离不符合规范要求的最小数量。

建筑空间组织

1.分项评价指标：

(1) 各部分在空间组织上有章法；

(2) 空间形成序列感与层次性；

(3) 空间具有一定的趣味性，如利用开阔、高低、大小、内外、方向等手法；

(4) 内外空间应当有一定的过渡处理，如入口门厅、门廊、台阶、平台、环境设计等手段。

2.常见问题：

(1) 建筑语言贫乏，空间组织过于直白；

(2) 空间缺乏应有的变化；

(3) 平面凌乱，房间组合随意；

(4) 建筑内部各部分之间缺乏组织。

结构选型

1.分项评价指标：

(1) 结构类型选择得当，结构体系经济适用，传力明确合理；

(2) 轴线尺寸经济合理，开间、进深同时满足功能要求；

(3) 力求上下、左右对位，符合结构逻辑；

(4) 建筑高度与层高同时符合结构合理和空间使用的要求；

(5) 平面力求规整，建筑结构刚度分布均匀。

2.常见问题：

(1) 结构类型不明确；

(2) 开间、进深尺寸变化过多；

(3) 轴线不对位，错动过大；

(4) 柱截面尺寸过小，在一般方案中选择方柱 400mm × 400mm～ 600mm × 600mm 为较合理尺寸；

(5) 层高过大或者过小，柱子的长细比不合理；

(6) 空间刚度分布不均匀（一般大空间布置在建筑上部，小空间布置在下部叫合理）；

(7) 局部突出尺寸过大。

图纸内容表述

1.分项评价指标：

(1) 图面内容逻辑清晰，容易读图；

(2) 图底分明，图纸内容主次有别；

(3) 构图匀称，主题突出；

(4) 绘制清晰，图面明快；

(5) 用色得体，重点明确；

(6) 表达到位，室内外关系清晰，环境处理得体。

2.常见问题：

(1) 布图不符合阅读习惯，造成读图障碍；

(2) 图纸内容凌乱或者拥挤，缺乏构图中心；

(3) 图底关系不清晰，没有明确表达的主要内容，建筑内外关系混乱；

(4) 构图过于夸张、刺激，却忽视了建筑语言的表达；

(5) 过分专注于表现技巧，笔墨过浓，却"吃力不讨好"，致使图纸绘制混乱、无章法；

(6) 色彩过杂，画面色调不统一，导致视觉上的刺激疲劳。

2 前期准备

2.1 构思能力培养

前文所述，快速设计水平的高低反映出设计者的思维能力，一个优秀的设计师应当具备较强的逻辑思维、形象思维和创造性思维。

在建筑设计中，逻辑思维表现为功能逻辑、结构逻辑、形式逻辑。逻辑思维贯彻设计的全过程，设计的每一步都相互关联，建筑中的每一部分也存在着某种必然的联系。建筑设计过程有迹可循，并非空穴来风，随意涂抹。设计者在设计活动中应当注意留心其中存在的逻辑关系，以严谨的态度对待整体与细节。

建筑设计是通过形象思维来解决"纸面上"的矛盾，快速设计要求的成果形式也决定了我们必须以图示化的表现手段呈现设计构思。对于没有经过专业训练的人而言，或许逻辑思维能力很强，但形象思维和图示表达能力往往都很弱，作为专业人员一眼就可以看出几份图纸后面所反应出学生的空间想象和构成能力。

建筑设计中的创造性思维是指发现建筑要素的新关系、产生出新组合的思维。设计者要"从无到有"，以系统、科学的方法和手段解决设计中面临的各种问题，这正是建筑设计的核心所在。

快速建筑方案设计在工作方法上不同于日常的课程设计与实际工程设计，因此在平时准备时不但要注意自己思维能力的培养，而且要调整平日熟悉的常规设计思路，以便有效地推进设计工作的进程。

首先，应试的建筑方案设计在时间短促的6～8h完成，要讲究娴熟的设计方法，并打破常规设计方式与思维定势，才能保证设计速度和质量。

其次，设计方法的关键是要抓方案的全局性问题，如功能布局、流线组织、空间构成、结构布置等，不可能过分深入地推敲建筑设计方案，不但是因为时间不允许，而且也没必要。

2.2 基本知识与概念准备

在快速设计过程中，某些日常设计工作状态下的环节无法展开，如阅读资料、调查研究、勘察地形、查阅规范等。因此这些设计前期的工作都需要在平时积累，平时对基本知识的了解掌握、对该建筑类型设计原理的熟悉程度，以及理性分析能力的具备等都影响到设计成果的质量。

不同类型建筑的设计要点

常考的建筑类型以中、小型民用公共建筑为多，面对本科生的快速设计考试一般不会出现功能性非常强，用途专一的建筑类型，例如影剧院、体育馆等，也不会考核涉及到工艺要求的工业建筑、仓库。许多同学在经过5年的专业学习后能够根据任务书展开设计，但却会因为不熟悉规范要求而出现疏漏，故本书整理了一些常见公共建筑类型的设计要点，可以在平时学习或备考时参考。

以下内容并不是简单的条文和数据，在学习时要注意对建筑类型的理解和把握。因为这么多内容在课程设计时都难以一一顾及，更不可能在考试前突击记忆。如果真正"吃透"这些知识点背后的缘由，即使在考试中记不住某些数据，也可以根据自己对该类型建筑的理解做得八九不离十。例如，幼儿园单侧采光的活动室，其进深不宜超过6.60m；在考试时可能难以准确记住"6.60m"，但是如果了解使用者的行为特点，围绕幼儿园内的日常活动组织空间环境，在做设计时就能够利用建筑空间营造良好的卫生条件，不会出现进深过大的问题。

幼儿园

● 托儿所、幼儿园是对幼儿进行保育和教育的机构。接纳不足三周岁幼儿的为托儿所，接纳三至六周岁幼儿的为幼儿园。

1. 幼儿园的规模（包括托、幼合建的）分为：

大型：10个班至12个班；

中型：6个班至9个班；

小型：5个班以下。

2. 单独的托儿所的规模以不超过5个班为宜。

3. 托儿所、幼儿园每班人数：

(1) 托儿所：乳儿班及托儿小、中班15～20人，托儿大班21～25人；

(2) 幼儿园：小班20～25人，中班26～30人，大班31～35人。

● 生活用房的室内净高不应低于下列规定：

1. 活动室、寝室、乳儿室：2.80m

2. 音体活动室：3.6m

3. 特殊形状的顶棚，最低处距地面净高不低于2.2m。

● 托儿所、幼儿园的生活用房应布置在当地最好日照方位，并满足冬至日底层满窗日照不少于3h的要求，温暖地区、炎热地区的生活用房应避免朝西，否则应设遮阳设施。

● 单侧采光的活动室，其进深不宜超过6.60m。楼层活动室宜设置室外活动的露台或阳台，但不应遮挡底层生活用房的日照。

● 医务保健室和隔离室宜相邻设置，与幼儿生活用房应有适当距离。如为楼房时，应设在底层。医务保健室和隔离室应设上、下水设施；隔离室应设独立的厕所。

● 晨检室宜设在建筑物的主出入口处。

● 幼儿与职工洗浴设施不宜共用。

幼托主体建筑走廊净宽度不应小于下表规定（单位m）：

房间名称 \ 房间布置	双面布房	单面布房或外廊
生活用房	1.8	1.5
服务供应用房	1.5	1.3

● 在幼儿安全疏散和经常出入的通道上，不应设有台阶。必要时可设防滑坡道，其坡度不应大于1：12。

● 楼梯、扶手、栏杆和踏步应符合下列规定：

1. 楼梯除设成人扶手外，并应在靠墙一侧设幼儿扶手，其高度不应大于0.60m。

2. 楼梯栏杆垂直线饰间的净距不应大于0.11m。当楼梯井净宽度大于0.20m时，必须采取安全措施。

3. 楼梯踏步的高度不应大于0.15m，宽度不应小于0.26m。

4. 在严寒、寒冷地区设置的室外安全疏散楼梯，应有防滑措施。

● 活动室、寝室、音体活动室应设双扇平开门，其宽度不应小于1.20m。疏散通道中不应使用转门、弹簧门和推拉门。

● 严寒、寒冷地区主体建筑的主要出入口应设挡风门斗，其双层门中心距离不应小于1.6m。

● 外窗应符合下列要求：

1. 活动室、音体活动室的窗台距地面高度不宜大于0.60m。距地面1.30m内不应设平开窗。楼层无室外阳台时，应设护栏。

2. 活动室、寝室、音体活动室及隔离室的窗应有遮光设施。

● 阳台、屋顶平台的护栏净高不应小于1.20m，内侧不应设有支撑。护栏宜采用垂直线饰，其净空距离不应大于0.11m。

● 幼儿常接触的1.30m以下的室外墙面不应粗糙，室内墙面宜用光滑易清洁材料，墙角、窗台、暖气罩、窗口竖边等棱角部位必须做成小圆角。

● 活动室和音体活动室室内墙面，应有展示教材作品、环境布置的条件。

中小学

● 学校主要教学用房的外墙面与铁路的距离不应小于300m；与机动车流量超过每小时270辆的道路同侧路边的距离不应小于80m，当小于80m时，必须采取有效的隔声措施。

● 学校的建筑容积率可根据其性质、建筑用地和建筑面积的多少确定。小学不宜大于0.8；中学不宜大于0.9；中师、幼师不宜大于0.7。

● 建筑物的间距应符合下列规定：

1. 教学用房应有良好的自然通风。

2. 南向的普通教室冬至日底层满窗日照不应小于2h。

3. 两排教室的长边相对时，其间距不应小于25m；教室的长边与运动场地的间距不应小于25m。

● 教学用房的平面，宜布置成外廊或单内廊的形式。

● 教学用房的平面组合应使功能分区明确、联系方便和有利于疏散。

● 学校运动场地的设计应符合下列规定：

1. 运动场地应能容纳全校学生同时作课间操之用。小学每学生不宜小于2.3m²，中学每学生不宜小于3.3m²。

2. 每六个班应有一个篮球场或排球场。

3. 运动场地的长轴宜南北向布置，场地应为弹性地面。

● 普通教室讲台两端与黑板边缘的水平距离不应小于200mm，宽度不应小于650mm，高度宜为200mm。

● 物理、化学实验室可分边讲边试实验室、分组实验室及演示室三种类型。生物实验室可分显微镜实验室、演示室及生物解剖实验室三种类型。根据教学需要及学校的不同条件，这些类型的实验室可全设或兼用。

● 音乐教室宜设附属用房乐器室，教室内地面宜设2～3排阶梯，亦可做成阶梯教室。

● 舞蹈教室的设计应符合下列规定：

1. 每间教室不宜超过20人使用。

2. 教室内在与采光窗相垂直的一面横墙上，应设一面高度不小于2100mm（包括镜座）的通长照身镜。其余三面内墙应设置高度不低于900mm可升降的把杆，把杆距墙不宜小于400mm。

3. 窗台高度不宜低于900mm，并不得高于1200mm。

● 语言教室语言学习桌的布置应符合下列规定：

1. 纵向走道宽度不宜小于600mm，教室后部横向走道的宽度不宜小于600mm。

2. 语言学习桌端部与墙面（或突出墙面的内壁柱及设备管道）的净距离，不应小于120mm。

3. 前后排语言学习桌净距离不应小于600mm。

● 教学楼内应分层设饮水处。宜按每50人设一个饮水器。饮水处不应占用走道的宽度。

● 教学楼应每层设厕所。

● 教职工厕所应与学生厕所分设。当学校运动场中心，距教学楼内最近厕所超过90m时，可设室外厕所，其面积宜按学生总人数的15%计算。

● 学校水冲厕所应采用天然采光和自然通风，并应设排气管道。

● 教学楼内厕所的位置，应便于使用和不影响环境卫生。在厕所入口处宜设前室或设遮挡措施。

● 学校厕所卫生器具的数量应符合下列规定：

1．小学教学楼学生厕所，女生应按每20人设一个大便器计算；男生应按每40人设一个大便器和1m长小便槽计算。

2．中学、中师、幼师教学楼学生厕所，女生应按每25人设一个大便器计算；男生应按每50人设一个大便器和1m长小便槽计算。

3．厕所内均应设污水池和地漏。

4．教学楼内厕所，应按每90人一个洗手盆（或600mm盥洗槽）计算。

● 学校主要房间的净高符合下列规定：

小学教室：3.10m

中学、中师、幼师教室：3.40 m

实验室：3.40 m

舞蹈教室：4.50 m

教学辅助用房：3.10 m

办公及服务用房：2.80 m

合班教室的净高根据跨度决定，但是不应低于3.6m。

● 教学用房窗的设计应符合下列规定：

1．教室、实验室的窗台高度不宜低于800mm，并不宜高于1000mm。

2．教室、实验室靠外廊、单内廊一侧应设窗。但距地面2000mm范围内，窗开启后不应影响教室使用、走廊宽度和通行安全。

3．教室、实验室的窗间墙宽度不应大于1.2m。

4．二层以上的教学楼向外开启的窗，应考虑擦玻璃方便与安全措施。

5．炎热地区的教室、实验室、风雨操场的窗下部宜设可开启的百叶窗。

● 教员休息室的使用面积不宜小于12m²，教师办公室每个教师使用面积不宜小于3.5m²。

● 教学楼宜设置门厅。

● 在寒冷或风沙大的地区，教学楼门厅入口应设挡风间或双道门。挡风间或双道门的深度，不宜小于2100mm。

● 教学楼走道的净宽度应符合下列规定：

1．教学用房：内廊不应小于2100mm；外廊不应小于1800mm。

2．行政及教师办公用房不应小于1500mm。

● 走道高差变化处必须设置台阶时，应设于明显及有天然采光处，踏步不应少于三级，并不得采用扇形踏步。

● 外廊栏杆（或栏板）的高度，不应低于1100mm。栏杆不应采用易于攀登的花格。

● 楼梯间应有直接天然采光。

● 楼梯不得采用螺形或扇步踏步。

每段楼梯的踏步，不得多于18级，并不应少于3级。梯段与梯段之间，不应设置遮挡视线的隔墙。楼梯坡度，不应大于30。

● 楼梯梯段的净宽度大于3000mm时宜设中间扶手。

● 楼梯井的宽度，不应大于200mm。当超过200mm时，必须采取安全防护措施。

● 室内楼梯栏杆（或栏板）的高度不应小于900mm。室外楼梯及水平栏杆（或栏板）的高度不应小于1100mm。楼梯不应采用易于攀登的花格栏杆。

● 教学用房及其附属用房不宜设置门槛。

● 教室安全出口的门洞宽度不应小于1000mm。合班教室的门洞宽度不应小于1500mm。

文化馆

● 文化馆的总平面设计应符合下列要求：

1. 功能分区明确，合理组织人流和车辆交通路线，对喧闹与安静的用房应有合理的分区与适当的分隔；

2. 基地按使用需要，至少应设两个出入口。当主要出入口紧临主要交通干道时，应按规划部门要求留出缓冲距离；

3. 在基地内应设置自行车和机动车停放场地，并考虑设置画廊、橱窗等宣传设施。

● 文化馆一般应由群众活动部分、学习辅导部分、专业工作部分及行政管理部分组成。各类用房根据不同规模和使用要求可增减或合并。

● 文化馆设置儿童、老年人专用的活动房间时，应布置在当地最佳朝向和出入安全、方便的地方，并分别设有适于儿童和老年人使用的卫生间。

● 五层及五层以上设有群众活动、学习辅导用房的文化馆应设电梯。

● 群众活动部分由观演用房、游艺用房、交谊用房、展览用房和阅览用房等组成。

● 观演用房包括门厅、观演厅、舞台和放映室等。

1. 观演厅的规模一般不宜大于500座。

2. 当观演厅规模超过300座时，观演厅的座位排列、走道宽度、视线及声学设计以及放映室设计，均应符合《剧场建筑设计规范》和《电影院建筑设计规范》的有关规定。

3. 当观演厅为300座以下时，可做成平地面的综合活动厅，舞台的空间高度可与观众厅同高，并应注意音质和语言清晰度的要求。

● 游艺室的使用面积不应小于下列规定：

大游艺室 65m²

中游艺室 45m²

小游艺室 25m²

● 交谊用房包括舞厅、茶座、管理间及小卖部等。

1. 舞厅应设存衣、吸烟及贮藏间。舞厅的活动面积每人按2m²计算。

2. 舞厅应具有单独开放的条件及直接对外的出入口。

● 展览用房包括展览厅或展览廊、贮藏间等。每个展览厅的使用面积不宜小于65m²。

● 展览厅应以自然采光为主，并应避免眩光及直射光。

● 综合排练室室内应附设卫生间、器械贮藏间。有条件者可设淋浴间。根据使用要求合理地确定净高，并不应低于3.6m。综合排练室的使用面积每人按6m²计算。

● 普通教室每室人数可按40人设计，大教室以80人为宜。教室使用面积每人不小于1.40m²。

● 美术书法教室的使用面积每人不小于2.80m²，每室不宜超过30人。

● 美术书法工作室宜为北向采光，室内宜设挂镜线、遮光设施及洗涤池；使用面积不宜小于24m²。

● 音乐工作室应附设1～2间琴房，每间使用面积不小于6m²，并应考虑室内音质及隔声要求。摄影工作室、暗室应设培训实习间，根据规模可设置2～4个工作小间，每小间不小于4m²。

● 观演厅、展览厅、舞厅、大游艺室等人员密集的用房宜设在底层，并有直接对外安全出口。

文化馆内走道最小净宽度（m）

房间名称 \ 房间布置	双面布房	单面布房
群众活动部分	2.1	1.8
学习辅导部分	1.8	1.5
专业工作部分	1.5	1.2

● 文化馆群众活动部分、学习辅导部分的门均不得设置门槛。

● 凡在安全疏散走道的门，一律向疏散方向开启，并不得使用旋转门、推拉门和吊门。

● 展览厅、舞厅、大游艺室的主要出入口宽度不应小于1.50m。

● 文化馆屋顶作为屋顶花园或室外活动场所时，其护栏高度不应低于1.20m。设置金属护栏时，护栏内设置的支撑不得影响群众活动。

博物馆

● 博物馆分为大、中、小型。大型馆建筑规模大于10000m²；中型馆建筑规模为4000～10000m²；小型馆建筑规模小于4000m²。

● 大、中型馆应独立建造。小型馆若与其他建筑合建，必须满足环境和使用功能要求，并自成一区，单独设置出入口。

● 陈列室和藏品库房若临近车流量集中的城市主要干道布置，沿街一侧的外墙不宜开窗；必须设窗时，应采取防噪声、防污染等措施。

● 除当地规划部门有规定外，新建博物馆基地覆盖率不宜大于40%。

● 陈列室不宜布置在4层或4层以上。大、中型馆内2层或2层以上的陈列室宜设置货客两用电梯；2层或2层以上的藏品库房应设载货电梯。

● 藏品的运送通道应防止出现台阶，楼地面高差处可设置不大于1:12的坡道。珍品及对温湿度变化较敏感的藏品不应通过露天运送。

● 藏品暂存库房、鉴赏室、贮藏室、办公室等应设在藏品库房总门外。

● 每间藏品库房应单独设门。窗地比不宜大于1/20。珍品库不宜设窗。

● 藏品库的开间或柱网尺寸应与保管装具的排列、藏品进出通道适应。

● 藏品库房的净高应为2.4～3m。若有梁或管道等突出物，其底面净高不应低于2.2m。

● 藏品库不宜开除门窗外的其他洞口，必须开时应采取防火、防盗措施。

● 陈列室的面积、分间应符合灵活布置展品的要求，每一陈列主题的展线长度不宜大于300m。

● 陈列室单跨时的跨度不宜小于8m，多跨时的柱距不宜小于7m。室内应考虑在布置陈列装具时有灵活组合和调整互换的可能性。

● 陈列室的室内净高除工艺、空间、视距等要求外，应为3.5～5.0m。

● 大、中型馆内陈列室的每层楼面应配置男女厕所各一间，若该层的陈列室面积之和超过1000m²，则应再适当增加厕所的数量。男女厕所内至少应各设2只大便器，并配有污水池。

● 大、中型馆宜设报告厅，应与陈列室较为接近，并便于独立对外开放。

● 大、中型馆宜设置教室和接待室，分间面积宜为50m²。小型馆的接待室兼作教学使用时，应设置电化教育设施。

● 陈列室的外门应向外开启，不得设置门槛。

图书馆

● 交通组织应做到人、车分流，道路布置应便于人员进出、图书运送、装卸和消防疏散。

● 设有少年儿童阅览区的图书馆，该区应有单独的出入口，室外应有设施较完善的儿童活动场地。

● 基地内应设供内部和外部使用的机动车停车场地和自行车停放设施。

● 馆区内应根据性质和所在地点做好绿化设计。绿化率不宜小于30%。

● 图书馆建筑设计应根据馆的性质、规模和功能，分别设置藏书、借书、阅览、出纳、检索、公共及辅助空间和行政办公、业务及技术设备用房。

● 图书馆的建筑布局应与管理方式和服务手段相适应，合理安排采编、收藏、外借、阅览之间的运行路线，使读者、管理人员和书刊运送路线便捷畅通，互不干扰。

● 图书馆各空间柱网尺寸、层高、荷载设计应有较大的适应性和使用的灵活性。藏、阅空间合一者，宜采取统一柱网尺寸，统一层高和荷载。

● 图书馆四层及四层以上设阅览室时，宜设乘客电梯或客货两用电梯。

● 图书馆的藏书空间分为基本书库、特藏书库、密集书库和阅览室藏书四种形式，各馆可根据具体情况选择确定。

● 基本书库的结构形式和柱网尺寸应适合所采用的管理方式和所选书架的排列要求。框架结构的柱网宜采用1.20m或1.25m的整数倍模数。

● 书库、阅览室藏书区净高不得小于2.40m。当有梁或管线时，其底面净高不宜小于2.30m；采用积层书架的书库结构梁（或管线）底面之净高不得小于4.70m。

● 书库内工作人员专用楼梯的梯段净宽不应小于0.80m，坡度不应大于45度，并应采取防滑措施。书库内不宜采用螺旋扶梯。

● 二层及二层以上的书库应至少有一套书刊提升设备。四层及四层以上不宜少于两套。六层及六层以上的书库，除应有提升设备外，宜另设专用货梯。书库的提升设备在每层均应有层面显示装置。

● 书库与阅览区的楼、地面宜采用同一标高。

● 阅览区的建筑开间、进深及层高，应满足家具、设备合理布置的要求，并应考虑开架管理的使用要求。

● 阅览区应根据工作需要在入口附近设管理（出纳）台和工作间，并宜设复印机、计算机终端等信息服务、管理和处理的设备位置。工作间使用面积不宜小于10m²，并宜和管理（出纳）台相连通。

● 阅览区不得被过往人流穿行，独立使用的阅览空间不得设于套间内。

● 音像视听室应由视听室、控制室和工作间组成。视听室的座位数应按使用要求确定。每座位占使用面积不应小于1.50m²。

● 电子出版物阅览室宜靠近计算机中心，并与电子出版物库相连通。

● 珍善本书、舆图、缩微、音像资料和电子出版物阅览室的外窗均应有遮光设施。

● 少年儿童阅览应与成人阅览分隔，单设出入口，并应设儿童活动场地。

● 盲人读书室应设于图书馆底层交通方便的位置，并和盲文书库相连通。盲人书桌应便于使用听音设备。

● 各阅览区老年人及残疾读者的专用阅览座席应邻近管理（出纳）台。

● 目录检索空间应靠近读者出入口，并与出纳空间相毗邻。当与出纳共处同一空间时，应有明确的功能分区。

● 中心（总）出纳台应毗邻基本书库设置。出纳台与基本书库之间的通道不应设置踏步；当高差不可避免时，应采用坡度不大于1:8的坡道。出纳台通往库房的门，净宽不应小于1.40m，并不得设置门坎，门外1.40m范围内应平坦无障碍物。平开防火门应向出纳台方向开启。

● 出纳空间应符合下列规定：

1. 出纳台内工作人员所占使用面积，每一工作岗位不应小于6.00m²，工作区的进深当无水平传送设备时，不宜小于4.00m；当有水平传送设备时，应满足设备安装的技术要求。

2. 出纳台外读者活动面积，按出纳台内每一工作岗位所占使用面积的1.20倍计算，并不得小于18.00m²；出纳台前应保持宽度不小于3.00m的读者活动区。

3. 出纳台宽度不应小于0.60m。出纳台长度按每一工作岗位平均1.50m计算。出纳台兼有咨询、监控等多种服务功能时，应按工作岗位总数计算长度。出纳台的高度：外侧高度宜为1.10～1.20m；内侧高度应适合出纳工作的需要。

● 门厅的使用面积可按每阅览座位0.05m²计算。

● 读者休息处的使用面积可按每个阅览座位不小于0.10m²

计算。设专用读者休息处时，房间最小面积不宜小于15m²。规模较大的馆，读者休息处宜分散设置。

● 图书馆的业务用房包括采编、典藏、辅导、咨询、研究、信息处理、美工等用房；技术设备用房包括电子计算机、缩微、照像、静电复印、音像控制、装裱维修、消毒等用房。

● 音像控制室幕前放映的控制室，进深不得小于3m，净高不得小于3m；幕后放映的反射式控制室，进深不得小于2.7m。

旅馆

● 旅馆主要出入口必须明显，并能引导旅客直接到达门厅。主要出入口应根据使用要求设置单车道或多车道，入口车道上方宜设雨篷。

● 在综合性建筑中，旅馆部分应有单独分区，并有独立的出入口；对外营业的商店、餐厅等不应影响旅馆本身的使用功能。

● 电梯：

1. 主要乘客电梯位置应在门厅易于看到且较为便捷的地方。

2. 客房服务电梯应根据旅馆建筑等级和实际需要设置。

● 客房：

1. 客房类型分为：套间、单床间、双床间（双人床间）、多床间。

2. 天然采光的客房间，采光窗洞口窗地面积之比不应小于1:8。

3. 跃层式客房内楼梯允许设置扇形踏步，其内侧0.25m处的宽度不应小于0.22m。

● 客房标准间开间3～4m，进深不小于6m（带卫生间）。

● 门、阳台：

1. 客房入口门洞宽度不应小于0.9m，高度不应低于2.1m。

2. 客房内卫生间门洞宽度不应小于0.75m，高度不应低于2.1m。

3. 既做套间又可分为两个单间的客房之间的连通门和隔墙，应符合客房隔声标准。

4. 相邻客房之间的阳台不应连通。

● 室内净高：

1. 客房居住部分净高度，当设空调时不应低于2.4m；不设空调时不应低于2.6m。

2. 利用坡屋顶内空间作客房时，应至少有8m²面积，净高不低于2.4m。

3. 卫生间及客房内过道净高度不应低于2.1m。

4. 客房层公共走道净高度不应低于2.1m。

● 旅馆建筑门厅内或附近应设厕所、休息会客、外币兑换、邮电通讯、物品寄存及预订票证等服务设施。

● 旅馆建筑应设不同规模的餐厅及酒吧间、咖啡厅、宴会厅和风味餐厅。

● 会议室：

1. 大型及中型会议室不应设在客房层。

2. 会议室的位置、出入口应避免外部使用时的人流路线与旅馆内部客流路线相互干扰。

3. 会议室附近应设盥洗室。

4. 会议室多功能使用时应能灵活分隔为可独立使用的空间，且应有相应的设施和贮藏间。

● 洗衣房的面积应按洗作内容、服务范围及设备能力确定。

● 备品库：

1. 备品库应包括家具、器皿、纺织品、日用品及消耗物品等库房。

2. 备品库的位置应考虑收运、贮存、发放等管理工作的安全与方便。

● 职工用房：

1. 职工用房包括行政办公、职工食堂、更衣室、浴室、厕所、医务室、自行车存放处等项目，并应根据旅馆的实际需要设置。

2. 职工用房的位置及出入口应避免职工流线与旅客流线互相交叉。

● 集中式旅馆的每一防火分区应设有独立的、通向地面或避难层的安全出口，并不得少于2个。

餐饮建筑

● 餐馆建筑的座位布置应宽畅、环境舒适、设施、设备完善；

● 饮食建筑的基地出入口应按人流、货流分别设置，妥善处理易燃、易爆物品及废弃物等的运存路线与堆场。

● 在总平面布置上，应防止厨房（或饮食制作间）的油烟、气味、噪声及废弃物等对邻近建筑物的影响。

● 餐馆与一级饮食店建筑宜有适当的停车空间。

● 餐厅与厨房的面积比（简称餐厨比）宜为1：1。

● 餐馆与食堂的厨房可根据经营性质、协作组合关系等实际需要选择设置下列各部分：

1. 主食加工间——包括主食制作间和主食热加工间；

2. 副食加工间——包括粗加工间、细加工间、烹调热加工间、冷荤加工间及风味餐馆的特殊加工间；

3. 备餐间——包括主食备餐、副食备餐、冷荤拼配及小卖部等。冷荤拼配间与小卖部均应单独设置；

4. 食具洗涤消毒间与食具存放间。食具洗涤消毒间应单独设置。

● 餐厅的室内净高应符合下列规定：

1. 餐厅不应低于 2.6m；

2. 大餐厅不应低于 3.00m；

3. 异形顶棚的大餐厅最低处不应低于 2.40m。

● 餐厅采光、通风应良好。天然采光时，窗洞口面积不宜小于该厅地面面积的 1/6。自然通风时，通风开口面积不应小于该厅地面面积的 1/16。

● 厨房和饮食制作间室内净高不应低于3m，层高宜为4.2～4.5m 左右。

● 更衣处宜按全部工作人员男女分设，每人一格更衣柜。

● 各类库房天然采光时，窗洞口面积不宜小于地面面积的 1/10。自然通风时，通风开口面积不应小于地面面积的 1/20。

建筑设计有关数据

● 净高

室内净高应按地面至吊顶或楼板底面之间的垂直高度计算；楼板或屋盖的下悬构件影响有效使用空间者，应按地面至结构下缘之间的垂直高度计算。走道及房间的最低处的净高不应小于2m。

● 楼梯

1. 梯段净宽除应符合防火规范的规定外，供日常主要交通用的楼梯的梯段净宽应根据建筑物使用特征，一般按每股人流宽为 0.55 +（0～0.15）m 的人流股数确定，并不应少于两股人流。

（注：0～0.15m 为人流在行进中人体的摆幅，公共建筑人流众多的场所应取上限值。）

2. 梯段改变方向时，平台扶手处的最小宽度不应小于梯段净宽。当有搬运大型物件需要时应再适量加宽。

3. 每个梯段的踏步一般不应超过 18 级，亦不应少于 3 级。

4. 楼梯平台上部及下部过道处的净高不应小于 2m。梯段净高不应小于 2.2m。

注：梯段净高为自踏步前缘线（包括最低和最高一级踏步前缘线以外 0.30m 范围内）量直上方突出物下缘间的铅垂高度。

5. 楼梯应至少于一侧设扶手，梯段净宽达三股人流时应两侧设扶手，达四股人流时应加设中间扶手。

6. 室内楼梯扶手高度自踏步前缘线量起不宜小于 0.9m。靠楼梯井一侧水平扶手超过 0.50m 长时，其高度不应小于 1m。

7. 踏步前缘部分宜有防滑措施。

8. 有儿童经常使用的楼梯，梯井净宽大于 0.20m 时，必须采取安全措施；栏杆应采用不易攀登的构造，垂直杆件间的净距不应大于 0.11m。

● 台阶

1. 室内外台阶踏步宽度不宜小于 0.30m，踏步高度不宜大于 0.15m，室内台阶踏步数不应少于 2 级。

2. 人流密集的场所台阶高度超过 1m 时，宜有护栏设施。

● 坡道

1. 室内坡道不宜大于 1：8，室外坡道不宜大于 1：10，供轮椅使用的坡道不应大于 1：12。

2. 室内坡道水平投影长度超过 15m 时，宜设休息平台，平台宽度应根据轮椅或病床等尺寸及所需缓冲空间而定。

3. 坡道应用防滑地面。

4. 供轮椅使用的坡道两侧应设高度为 0.65m 的扶手。

● 栏杆

凡阳台、外廊、室内回廊、内天井、上人屋面及室外楼梯等临空处应设置防护栏杆，并应符合下列规定：

1.栏杆应以坚固、耐久材料制作,并能承受荷载规范规定的水平荷载。

2.栏杆高度不应小于1.05m,高层建筑的栏杆高度应再适当提高,但不宜超过1.20m。

3.栏杆离地面或屋面0.10m高度内不应留空。

4.有儿童活动的场所,栏杆应采用不易攀登的构造;垂直杆件间的净距不应大于0.11m。

● 窗台

1.开向公共走道的窗扇,其底面高度不应低于2m。

2.窗台低于0.80m时,应采取防护措施。

室内环境要求

采光通风

● 采光

1.建筑物各类用房采光标准除必须计算采光系数最低值外,应按单项建筑设计规范规定的窗地比确定窗洞口面积。

2.厕所、浴室等辅助用房的窗地比不应小于1/10,楼梯间、走道等处不应小于1/14。

3.内走道长度不超过20m时至少应有一端采光口,超过20m时应两端有采光口,超过40m时应增加中间采光口;否则应采用人工照明。

● 有效采光面积

1.离地面高度在0.50m以下的采光口不应计入有效采光面积。

2.采光口上部有宽度超过1m以上的外廊、阳台等遮挡物时,其有效采光面积可按采光口面积的70%计算。

3.用水平天窗采光者,其有效采光面积可按采光口面积的3倍计算。

● 通风

建筑物室内应有与室外空气直接流通的窗户或开口,否则应设有效的自然通风道或机械通风设施。采用直接自然通风者应符合下列规定:

1.居住用房、浴室、厕所等的通风开口面积不应小于该房间地板面积的1/20。

2.厨房的通风开口面积不应小于其地板面积的1/10,并不得小于0.8m²。炉灶上部应设排除油烟的设备或预留设备位置。

3.严寒地区的居住用房,严寒和寒冷地区的厨房,无直接自然通风的浴室和厕所等均应设自然通风道或通风换气设施。

4.自然通风道的位置应设于窗户或进风口相对的一面。

保温防热

● 建筑物宜设在避风、向阳地段,主要房间应有较多日照时间。

住宅应每户至少有一个居室、宿舍应每层至少有半数以上的居室能获得冬至日满窗日照不少于1h。托儿所、幼儿园和老年人、残疾人专用住宅的主要居室,医院、疗养院至少有半数以上的病房和疗养室,应能获得冬至日满窗日照不少于3h。

● 建筑物外表面积与其包围体积之比应取较小值,建筑形体尽量规整,体形系数不宜过大。

● 严寒、寒冷地区不应设置开敞的楼梯间和外廊。

● 要求夏季防热的建筑物应符合下列规定:

1.防热应采取绿化环境、加强自然通风、遮阳及围护结构隔热等综合措施。

2.建筑物平面、剖面设计和窗户的位置应有利于组织室内穿堂风。

3．东、西朝向不宜布置主要房间，否则应采用遮阳措施。

基本概念辨析

用地控制

● 用地界线：用地界线围合建设项目的实际建设用地范围，项目的所有建（构）筑物、道路、绿地、地下管线、小品只能在用地界线内布置。

● 道路红线：道路红线是指城市道路路幅的边界线。在道路红线内可以布置城市人行道、绿化带、车行道、市政管线以及为市政道路服务的各种构筑物。道路红线可以与用地界线重合。

● 建筑控制线：又称"建筑线"。指城市规划部门根据用地性质、建筑物的重要性、高度及视线等要求，限定建（构）筑物后退用地界线或者道路界线一段距离布置，该连线即为建筑控制线。

建筑控制线也可以与道路红线或用地界线重合。

● 在这里要注意的是，一般所指的"建筑红线"概念是错误的。俗称的"压红线"是指建筑控制线与道路红线重合。

● 建筑突出物不允许超越道路红线规定的，有台阶、平台、坡道、门廊、连廊、窗井、楼梯、围墙、地下建筑及基础、基地内地下管网。

● 建筑突出物允许超越道路红线规定的：

1．在人行道上空：

（1）2m以上允许突出窗扇、窗罩，突出宽度不应大于0.4m。

（2）2.5m以上允许突出活动遮阳，突出宽度不应大于人行道宽减1m，并不应大于3m。

（3）3.5m以上允许突出阳台、凸形封窗、雨篷、挑檐，突出宽度不应大于1m。

（4）5m以上允许突出雨篷、挑檐，突出宽度不应大于人行道宽减1m，并不应大于3m。

2．在无人行道的道路路面上空：

（1）2.5m以上允许突出窗扇、窗罩、突出宽度不应大于0.4m。

（2）5m以上允许突出雨篷、挑檐，突出宽度不应大于1m。

3．建筑突出物与建筑本身应有牢固的结合。

4．建筑物和建筑突出物均不得向道路上空排泄雨水。

容量控制

● 容积率：系指建筑基地（地块）内，所有建筑物的建筑面积之和与基地总用地面积的比值。

容积率 = 总建筑面积（m²）／总用地面积（m²）。

其中，总建筑面积不包括地下室面积。容积率与其他指标相配合，往往控制了基地建筑形态。

● 建筑面积密度 = 总建筑面积（m²）／总用地面积（m²）。

建筑面积密度在数值上与算法上与容积率近似，两者却有不同的含义。后者侧重于对建筑面积总量的宏观控制，前者则主要是对单位面积建设用地上形成建筑面积数量的微观表达。

密度控制

● 建筑覆盖率：指建筑用地（基底）内，所有建筑基底面积之和占总用地面积的百分比。

建筑覆盖率 = 建筑总基底面积（m²）／总用地面积（m²）。

● 建筑系数：指建筑基地内，被建筑物、构筑物占用土地的面积，占总用地面积的百分比。

建筑系数 = Z+I/G × 100%

Z——建筑物及构筑物占地面积；

I——露天仓库、堆场、操作场占地面积；

G——基地总用地面积。

● 建筑密度：建筑用地（基底）内，各类建筑的基底总面积与总用地面积的比率（％）。

$$建筑密度 = \frac{基地占地总面积（m^2）}{总用地面积（m^2）} \times 100\%$$

绿化控制

● 绿地率：场地范围内，各类绿地的总和占总用地的比率。

$$绿地率 = \frac{各类绿地面积之和（m^2）}{总用地面积（m^2）} \times 100\%$$

式中绿地包括：公共绿地、建筑旁的绿地、公共设施的专用绿地、道路红线内绿地，以及满足当地植树绿化覆土要求并宜于出入的地下、半地下建筑的屋顶绿地，不包括其他屋顶、晒台的人工绿地。

● 绿化覆盖率：指场地范围内所有乔、灌木树冠的垂直投影面积及地被植物覆盖面积（重叠部分不重复计）的总和，占场地内总用地的比率（包括屋顶和晒台的绿地）。

$$绿化覆盖率 = \frac{绿化覆盖面积（m^2）}{总用地面积（m^2）} \times 100\%$$

● 绿地覆盖率通常应大于绿地率。

2.3 加强平时积累

为了在快题考试中有良好的发挥，平时的留心积累是必不可少的，因为在大学期间，所做过的建筑类型毕竟有限，考试中很有可能碰上自己没有接触过的问题。

例如，我们着手设计一座图书馆，在通读任务书后就会下意识地在脑海中搜索过去储存下来有关图书馆的信息，包括是否曾经有过设计经历、是否有过亲身接触、是否阅读过相关资料等等。"心中有数"才能顺利进行下面的工作，否则，在拿到设计任务书之后，就会感到茫然无措，需要根据任务书提供的设计要求和功能分析现场解读设计目标，这样肯定会放慢设计进度。正如2003年注册建筑师考试的试题为小型航空港候机楼建筑方案设计，很少有应试者做过这种类型建筑项目，导致设计成果总体不够理想。这说明建筑方案设计的考试不能靠突击，而是完全有赖于设计者平时设计功底的深厚，设计经验的积累，以及建筑设计语汇的储备。

在平时多多留心，收集资料，可以从以下几方面着手：

首先，不但要留心各种类型的建筑，同时还应当对优秀的建筑方案进行概括和比较。例如不同的交通组织和空间组织方式分别适合哪些建筑类型；廊式交通组织、厅式交通组织的特点；线形平面、簇形平面各适合哪种功能的组合等等。

其次，可以将某些具体的建筑做法分类总结，例如，在遇到北方地区东西朝向的房间必须开窗时，可能通过几种方式来解决西晒：开锯齿形窗、加遮阳板等等；再如需要避免眩光的展厅，可能会有几种开窗的形式；在遇到坡地或者台地时，应当如何利用地形；建筑如何利用场地内的古树、水体、构筑物等因素等。

再次，整理归纳前几年同类的考试题，通过分析这部分资料，可以很容易把握出题规律，熟悉考试的发展动向，即使不准备考试的同学也可以借此拓宽自己的视野。关于这部分资料，可以去信向各个组织考试单位购买索取，也可以访问以下地址获取信息：

考研论坛>>土木建筑论坛

http://bbs.kaoyan.net/list.asp?boardid=25；

中国考研网>>试题资料>>专业试题

http://www.chinakaoyan.com/sort.php/31；

ABBS 论坛 >>考试及留学论坛

http://www.abbs.com.cn/bbs/post/page？

bid=5&sty=1&age=20。

最后，就连效果好的表现方法、配景、小透视的画法都要进行分类整理。例如，如何利用马克笔、彩色铅笔分别表现平立面中的远景树、近景树、水体、人、汽车；哪种纸张的质地光滑适合马克笔，哪种表面粗涩适合铅笔，哪种吸水性强适合水彩；特定的纸张底色搭配哪种色调较合适等等。只有多多积累才能找到最适合自己的表现方法，从容应对考试。

3 设计方法

3.1 审题

设计任务书以文字和图形的方式给设计者提出了明确的设计目标和要求，例如对建筑的功能要求等内外部条件，面积层数等技术性指标和设计参数，基地环境条件等。

因此在开始一次设计考试时，无论设计任务书的篇幅长短，一定要在时间分配中留出全面审题的时间，通读一遍设计任务书的全文，对所给的信息进行分类，区分主次，从而深入了解设计要求和任务书提供的信息。接下来，才有可能消化设计任务书的核心问题。

设计任务书的有些内容和有些部分一眼带过就行。例如，任务书开篇通常对项目进行概述，即建筑方案设计的建设背景、项目名称、性质、规模等，不需作任何解释就可以很容易理解题意。再如，在任务书结尾处，有关图纸要求的深度和表达内容需要牢记在心，如最终设计成果的比例、尺寸标注的要求等。但是也不必一开始过分关注，而是尽量一次画到位，减少修改。但设计任务书的某些部分却可以对设计产生决定性影响，需要特别关注，如建设项目当地的气候、朝向，还有就是基地的情况与周边环境，一定要在阅读文字的同时参照地形图，在脑中迅速建立起用地的区位与周边环境要素的空间概念以及与建筑的关系，例如平地、坡地、还是台地？相临四面各是何种条件？这些又会对建筑设计带来哪些限制条件？哪些条件又能够为设计所用，成为有利因素？

建筑组成及设计要求也是设计任务的重点部分，但是并不需要一一记住所要设计的众多房间内容和面积，而是应当把握整体，从中整理出各种主要的功能关系，分清主次，在进入设计具体阶段时再根据房间名称逐项了解各个功能组成的内容。

需要注意的是，审题时不仅要认真阅读文字部分，也要详细研究题目给出的图面内容。因为很多限定条件是通过图面的方式传达给应试者的。如建筑基地中的道路红线、建筑控制线、基地周围环境等等均是由条件图的形式给定的。

在实际考试时，应该在短时间内高效地消化、理解设计任务书，而不大可能根据一般教材阐述的过程对任务书进行逐项分析，这就需要应试者同时具备良好思维和应变能力。

3.2 分析任务书信息

审题后,在进入设计工作之前还应当对择选出的任务书所给的信息进行分析,才能明确设计方向。

首先,解读场地的环境条件:任何一个建筑物都不可能脱离环境独立存在的,基地环境是建筑设计的制约因素,在考试中应着重从以下方面进行分析考虑:

地理环境:不同的地理环境(如南北方差异)可以影响建筑方案的平面组合形式、通风采光组织、日照间距控制。例如不同地区建筑的结构形式会因抗震设防标准而不同。

区位环境:指基地周边的已有建筑、城市设施(文物、绿地小品和城市景观等等)的现状。对这些因素必须在总体布局和总平面设计阶段中就给予考虑,才能保证方案的整体性与合理性。例如拟建用地周边的水体、绿地、古树、古建等自然人文景观可以作为有利因素与设计结合,而相邻噪声大、有污染源等负面因素的,应当予以避让。

交通环境:指对与基地相邻的城市道路的分析。对外交通联系是建筑设计中一项必不可少的设计内容,只有经过对基地周边城市道路情况的具体分析,根据具体建筑的性质和集散特点,进行总平面布局,组织人、车流线,安排动、静态交通,才能保证建筑内部交通与城市交通的合理衔接。

内部环境:主要指在建筑基地的用地范围内,能够影响建筑形式的因素,如地形高程情况;基地内部是否有需要利用的建筑物、构筑物和其他建筑设施,是否存有需要保留的文物、古树木等等。例如不平坦的用地,可以因地制宜利用坡地或者台地营造丰富的建筑形式。

其次,应由内而外对建筑空间的组织原则与形式进行分析。其中最主要的就是功能分析,可以通过以下手段进行:

根据功能进行的性质特点的分类,例如:"动"与"静";"洁"与"污";"内"与"外";"主"与"辅"等四种。在具体设计过程中,以上各种分类的重要程度不尽相同。设计者可以据此在工作时各有侧重,分清主次矛盾。考试时,可以用不同颜色的彩色笔在试题的任务书上进行某种主要的分类标记,以备设计时参考。

还可以根据任务书的文字信息划分功能分区,搞清众多房间可以归纳为几个功能相近的区域,然后借用"气泡图"或者"功能框图"表示出各个房间的内在关系。这样既避免了分析庞杂的功能时,失去对方案的整体把握,又不会将房间的分区划分错误。当然,建筑内部的功能分区常常不可能划分得十分截然,也就是说如果用"气泡图"来表示各个分区,会有两个甚至多个"气泡"会出现"交集"。就需要在应试的时候根据任务书中的情况灵活掌握。

当然,如果建筑规模不大,功能简单,或者在考前准备得充分,设计和表达能力过硬,这些辅助设计的分析工作甚至不需要通过纸笔,在头脑中就可以完成了。不过"磨刀不误砍柴功",笔者还是建议记录下重要信息,免得在忙乱之中有所遗漏。

3.3 解决功能分区与交通流线

对任务书进行解读后,需要进行功能分区并组织交通流线,这些内容决定了如何综合协调生成建筑平面,因此需要分配一定精力将其解决。

在进行功能分区时,首先应当根据空间的性质分类和各种功能联系的密切程度进行粗略的"大块"组合,使各类空间在使用过程之中既联系方便,又互不干扰。这时在保证必要的空间联系和分隔的前提下,需要重点解决平面布局中"大"的功能关系问题。例如,将联系密切的各部分就近布置,对于使用中有相互干扰的部分尽可能地隔离布置。然后,在大的功能体块的分区布局内,内部根据各个房间的功能特点进行合理地组合。

具体的分区的方式有水平分区方式、垂直分区方式和水平垂直混合分区的方式。水平分区常利用建筑物内部的交通枢纽空间(门厅、过厅、楼梯间等)和走廊的转折将不同的功能区域隔离。垂直分区将不同的功能区域以楼层划分,通过楼梯联系。在具体的方案设计中,单纯分区方式难以满足要求,常常采用水平与垂直分区方式并用的混合分区。

建筑的交通流线影响使用者的活动与物体的传送与交流,在设计中要根据功能分区、人流物流的动向合理地进行组织。首先依据功能分区将不同的交通线路进行区分,保证交通体系方便简捷且互不交叉。其次,缩短功能要求的流线长度,减少迂回。最后,注意人流或货流的安排,将流量较大的空间安排在出入口附近或者有直接的交通联系之处,将流量较小的空间部分组织在流线的末梢。

3.4 生成平面

在试题中,平面组合问题最为复杂,作图份量也最大,同时考试时间有限,难以通过在课程设计中培养出的习惯方法生成平面。因此必须掌握一定的技巧和方法,以有效地提高方案的设计速度。

"网格模块"构成方法是将建筑基地以规则形状的结构母线网格划分成若干相同的基本单元,网格模块的划分线是设计中结构轴线和建筑基线确定的基础,然后通过不同的变化手段组合基本单元,完成建筑平面空间组合。在具体工作时可以遵循以下步骤:

首先,根据功能空间和结构形式确定网格尺寸。多数公共建筑由大小不同的若干空间所组成,所以网格模块单元组合的尺寸不可能直接满足所有空间尺度要求。在实际设计任务中,网格模块单元的尺寸应力求满足大空间的公约数、小空间的公倍数、中等空间的模数。在面对各种面积不同的房间时,根据主要房间的面积,利用求公约数或者公倍数的手段,找到大、小房间面积数量上的对应关系,结合功能确定柱网尺寸。

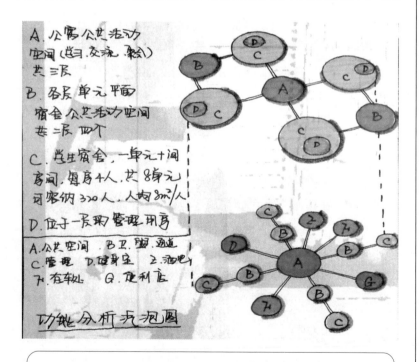

如图:是一套"大学生公寓"快速设计图纸,设计者通过"气泡图"表达出的建筑功能关系。从中也可以反映出设计者前期的思考过程,从明确活动、生活、管理三者的关系开始(上图),再较详细地落实到每一层功能的分配(下图)。

任何建筑设计均不能离开建筑结构的保障而独立存在，不同的结构型式其结构单元尺寸的经济合理范围也不相同，所以在选择网格模块单元尺寸时，应充分考虑到结构的合理性要求。考试中最简便实用的是混凝土框架结构和砖混结构。混凝土框架结构的经济跨度范围一般控制在5～8m，因此在采用混凝土框架结构型式的情况下，网格模块单元尺寸应该选择在 (5～8m×5～8m) 左右范围或与其成倍数关系。砖混结构受混凝土楼板长度的限制，结构单元的短边尺寸一般以不超过4m为宜。

其次，灵活地利用网格进行空间组合。建立了满足设计任务要求的模块网格以后，设计者可以利用网格，进行灵活多变的平面和空间的组合。

外部形体组合

附贴法（加法）：在已经建立起的网络外围格当地方附加部分单元，有时还可以在贴加单元和原有母体之间目以插入辅助空间。这种方法对于不规则地形和具有外部空间变化要求设计项目较适用。

挖取法（减法）：在完整的模块网格之中挖取若干单元，形成天井或内院，以满足建筑的通风采光、噪声隔离或其他功能方面的要求。常用于用地紧张地段和功能要求较为紧凑的建筑项目。

平行位移法：指在方整的模块网格之中，将某一边缘的若干单元向上下、左右方向平行位移，以隔离不同性质的空间，或者满足建筑形态的要求。

内部空间划分

以基本单元网格线为结构轴线，进行大致的空间划分，其中大空间可以以若干个模块单元共同组成，功能允许时可在网格交叉点处设柱子以减少结构跨度。对于小于模块单元的建筑空间，

可在模块网格单元的基础上进行再划分，在保证空间秩序的前提下，使空间富有变化。

需要强调的是，无论是外部空间组合还是内部空间划分，均应采用灵活机动的组合手法，因为实际设计中，往往多种组合方式并存。

由此可见，利用"网格模块"是快速设计中组合空间行之有效的方法，它易于控制面积、方便结构布置、组合方式灵活；同时由于网格模块单元的控制作用，建筑空间尺度一般均成为一定的倍数关系，从而具有一种潜在的空间秩序，也易于与周边环境取得谐调统一。

3.5 控制面积，调整空间比例

快速设计考试也像实际工程设计一样，对拟建项目的建筑面积有严格要求，注册建筑师考试更是如此。在草图结束后，应当进行面积核算。这时可以在不改变方案平面布局的前提下，掌握合适的方法略加调整。

在工作过程中会遇到来自各方面因素的制约，具体的房间面积不可能完全准确无误地满足任务书具体给定的数字要求。例如空间组合方式不同、交通组织方式不同都会带来辅助面积的变化，由此也会引起总建筑面积一定幅度的浮动。一般在具体房间面积指标和总建筑面积指标控制上都允许有一定的浮动范围，这种浮动范围通常控制在增减5％～10％左右。为计算方便，考试中的建筑面积一律以轴线计算。

如果采用了交通辅助面积较小的平面组合形式时，具体房间面积可取上限值；交通辅助面积较大时，具体房间面积可以采用下限值。总面积通过交通辅助面积调整比较容易，如转换挑外廊

与封闭外廊的形式，增减走廊宽度尺寸，调整过厅、门厅尺寸等。

不同的功能空间都有与之相适应的长宽高的比例尺度要求。一般来说，1∶1.5左右的长宽比比较适宜，可以满足大多数房间的功能要求；没有特殊的要求，一般不宜采用大于1∶2的长宽比例。一般试题中都会对特殊房间层高提出明确的要求，否则应根据平面尺寸的大小和规范的具体要求而定，同时在标高设计时予以满足。

3.6 剖面设计

在教学中，笔者发现许多同学都对剖面图缺乏重视，仅仅是在平面、立面完善后才根据投影原理，将其生成。其实剖面设计是建筑设计中必不可少的环节，与平面、立面设计相互影响、相互制约。

剖面设计是根据建筑的功能要求、规模大小以及环境条件等因素确定建筑各部分在竖直方向上的布置。在一般快题考试中，设计者通过剖面反映出建筑内部空间在垂直方向上的关系，包括：房间的剖面形状与各部分高度、建筑层数、室内空间处理等，但是在注册考试中，剖面图的内容还包括：结构选型，构造处理，保温、隔热等工程技术问题。

在进行剖面设计时，应当遵循以下原则，这样既可以结合平面、立面对空间进一步完善，又可以充分表现空间特性。

建筑剖面的空间组合原则

在建筑平面组合的基础上进行剖面的空间组合设计，可以根据建筑的功能上要求，分析建筑物在垂直方向上的空间组合和利用。

（1）根据功能和使用要求进行剖面组合

一般对外联系密切、人员出入较多、室内有较重设备的房间应放在底层或下部，各类性质相近的房间及与之关系密切的辅助用房应布置在同一层中。

（2）根据各房间高度进行剖面组合

为利于结构布置与施工，高度相近、功能关系密切的房间，必须布置在一起时，在满足室内功能要求的前提下，可适当调整房间之间的高差，使层高统一；在标准层面积较大，普遍调整层高很不经济、合理时，可分区段进行层高调整，两部分层高不同而出现的高差，可通过台阶、坡道连接。

在单层建筑剖面空间组合中，对于高度相差较大的房间，可根据实际功能需要组合，形成不等高的剖面形式。在多、高层建筑中，可将层高较大的房间布置在底层或顶层，或以裙房的形式单独附建于主体建筑，与其相邻或完全脱开。

利用建筑室内空间

结合建筑的平面及剖面设计，充分利用室内空间，不仅可以增加使用面积和节约投资，而且还可以改善室内空间的比例、丰富室内空间的艺术效果。通过剖面设计推敲室内空间，可利用的室内空间很多，如夹层空间、结构空间、楼梯及走道空间等。

房间的剖面形状

应便于各房间在空间上的组合、结构布置、设备布置以及使用；一些有特殊使用要求的房间，则采用其他形式，如音乐厅。有时出于空间艺术效果的考虑，也可以利用剖面设计营造丰富的室内空间。

房间净高的确定

净高与层高概念不同，在前文"基本知识与概念准备"章节讲过。

（1）室内使用性质和活动特点的要求。当室内人数少，活动范围小，房间面积小，家具设施尺寸不大时，室内净高可低些。

（2）满足采光、通风的要求。室内光线的照射深度，主要靠侧窗高度解决。侧窗上沿愈高，光线照射深度愈远，相应的净高也要高一些。为室内通风而设的进出风口在剖面上的高低位置，对房间净高也有要求。通常在内墙上开高窗，或者在门上设亮子，使气流通过内外墙的窗子，组织室内通风。

（3）结构构件、设备管道及电气照明设备所占用的高度的要求。一般开间进深较小的房间，多采用墙体承重，在墙上直接搁板，结构层所占高度较小。开间进深较大的房间，多采用梁板布置方式，梁下凸出较多，结构高度较大。对于一些大跨建筑，多采用屋架、薄腹梁、空间网架等多种形式，其结构层高度更大。房间如采用吊顶构造，层高则应适当加高，以满足净空要求。

（4）室内空间比例要求。确定房间净高时，要考虑到不同的长、宽、高比例尺度，能带给人不同的空间感受。高而窄的空间易使人产生兴奋、激昂向上的情绪，具有严肃感，过高则会感到空荡不亲切。宽而低的房间，使人感到宁静、开阔、亲切，但过低会使人感到压抑。

地面高差的确定

为便于行走，同层各房间的地面标高应一致。但对于一些易积水或者需要经常冲洗的房间，其地面标高应比其他房间低20～50mm，以防积水外溢，影响其他房间。如浴室、厕所、厨房、阳台、门厅外平台及外走廊等。

室内外地面高差的确定

一般民用建筑底层地面应高于室外地面150～600mm。不设高差或者高差过小，会引起室外雨水倒灌室内，并导致墙身受潮。高差过大，则不利于室内外联系，增加建筑造价。但某些公共建筑出于造型要求考虑，为使建筑物显得更加雄伟庄严，常提高底层地面标高，采用高台基或较多的踏步。

3.7 造型设计

多数快速设计中考试要求绘制立面图、透视图，实际上这些内容重点考察的是设计者的建筑造型能力。笔者发现在考试中通常同学们是这样应对立面设计的：有些将大量的精力放在平面设计阶段，在设计结束前在平面图的投影上将层高升起、开门窗洞口，然后加上装饰性元素，如构架、窗台、坡屋顶、线脚，这样绘制出的立面与平面对应关系准确，但是缺乏个性，略显草率；还有一些追求新奇的构思，一开始就确定了建筑形体的轮廓，勾勒出透视图，然后再进行内部功能划分，这样从立面图中反映出的建筑形象当然比较丰满，但是时间有限，推敲不深入，平面问题较多，难以做到建筑形式与空间内容的辩证统一。

由此可见，这样的工作步骤在考试中虽然都能收到一定效果，但为了提高成果效率，还是应当在立面设计中着重把握以下原则：

首先，应当考虑到建筑功能以及空间组合对立面造型的影响。不同类型的公共建筑的空间组成都是有差异的，也正因为如此差异，才有建筑个性的表达。例如，在处理交通建筑（汽车站等）的造型时，室外集散空间、宽敞的候车室、方便的交通流线决定了建筑高大、明快、流畅的内部空间特征；而相比之下，幼儿园建筑不但应当在尺度、色彩、细部处理等方面体现出中小型建筑的特征，而且更应当通过立面表达出童趣。因此在进行形体设计时，要将建筑的形式与内容有机地结合起来，同时考虑到地域、气候、文化等条件表达出独特的建筑性格。

其次，结构形式对立面造型的影响。例如有些同学在做建筑设计时，往往习惯根据各房间的面积大小、或者功能上的接近，进行平面的组合设计，但是结果容易造成房间的开间大小不一，致使结构系统毫无规律，立面造型也十分零乱，有时甚至会出现悬挑结构过大等错误。在此，建议同学们把握"平行进行各项工作"的原则，通过立面和剖面推敲建筑结构的合理性。如果在剖面上合理确定了室内外的高差、窗台高度、层高、挑檐、雨篷，就可以为立面设计提供依据，节省推敲的时间。

最后，在平面设计阶段就应当考虑到立面的效果，尽管有的考试不要求画立面图（如注册建筑师考试），但经验丰富的阅卷人通过各层平面形式一眼就能判断出建筑的形体优劣。同时平面上开窗、开门的位置、大小以及楼梯间的布置都会对建筑的立面形式产生影响。在平面设计中，不同功能的房间对采光系数要求不同，开窗的形式、窗台的高度自然不同，例如展厅为避免眩光常采用高侧窗，书库的开窗形式与书架排列模数有关，而楼梯间的开窗处——休息平台与楼层开窗处不在同一标高上，在立面设计时应当考虑到与其他洞口的协调。

附录：设计任务书

在本章节最后，附两份设计任务书。这两项设计任务的建筑类型、规模与研究生考试内容接近，但提出的设计要求则更细、更深入。应当注意的是，在"作图要求"中提出的内容是在所有图纸中都应当出现的，但因为不同单位出的试题会有差异，在有的任务书中却不会出现。同学们可以将此作为平时训练与参考，尽量完成平时容易疏漏的内容，在练习时提高难度多下功夫，考试时就不会犯"低级错误"。因为在考试中，再好的设计构思与表现，一旦漏项也难以及格。

文化馆建筑设计

位于黄河下游沿岸某小城市拟建一座文化馆，以满足广大人民群众日益增长的文化需求。文化馆基地位于一公园附近，环境优美。文化馆内设置了群众活动用房、学习用房、少量专业用房以及办公用房等。

（1）场地要求

建筑主入口可自由选择，应设置独立的内部出入口。

场地内设置停放5辆小汽车的停车场和适当的自行车停车场。

基地内常绿树木要求保留。

要求结合环境，尽量少破坏原有植被。

（2）一般要求

各房间面积不得比规定面积差别在10%以上。

所有房间面积及总建筑面积均按轴线计算。

表演用房层高控制在4.5m，其他房间均按3.6m。

（3）作图要求

画出底层及二层平面图，表示出墙体、门（开启方向）、窗及其他建筑部件。

画出承重墙、非承重墙或柱。

标出各房间名称。

表示楼地面标高及室外标高。

注出各房间面积及总建筑面积。

表示主要出入口及场地道路交通。

（4）房间面积要求

房间面积要求（轴线至轴线计算）见附表1。

（5）其他要求

基地内通路应与城市道路连接,通路应能通过建筑物各安全出口。

消防车道宽度不应小于 3.5m。

所有房间均应自然采光（储藏室除外）。内走道长度不超过 20m 时应有一端采光口,超过 20m 时两端应有采光口。

(6) 底层平面及场地

文化馆场地平面如附图 1 所示。

(7) 图纸内容要求

各层平面图 1：200

南、北立面图 1：200

剖面图 1 个 1：200

总平面图 1：500

透视图或轴测

经济技术指标、设计说明、分析图

附表1 房间面积要求

序号	房间名称	房间面积（m²）	备注
1	表演厅	600	包括舞台及放映厅
2	游艺厅	150	其中：大游艺室75m²,小游艺室3间,每间25m²
3	舞厅	200	舞厅内设存衣处
4	卡拉OK厅	50	声光控制间
5	茶座	50	可与其他房间组合成一个房间
6	阅览室	120	其中书库30m²,阅览室可分为数间
7	展览厅（廊）	100	
8	普通教室	100	分为2间,每间50m²
9	综合排练厅	80	
10	美术书法教室	50	
11	音乐教室	50	
12	摄影教室	65	设暗室1间,不小于15m²
13	馆长室	24	
14	办公室	24	
15	文字打印	24	
16	会议室	24	
17	接待室	48	
18	储藏室	48	
19	车库	50	2辆小汽车
20	值班室	15	
21	厕所	48	

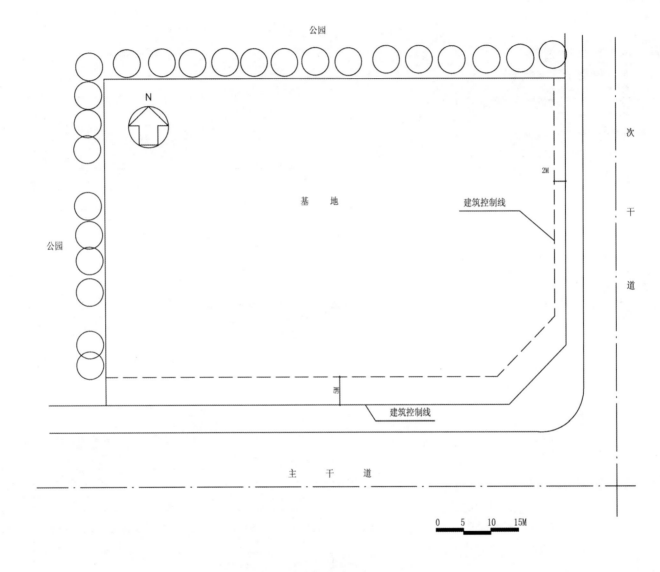

公园

N

次
干
道

基　地

建筑控制线

2M

公园

5M

建筑控制线

主　干　道

0　5　10　15M

附图 1 文化馆基地示意

青少年之家设计

南方某小城市为了满足青少年文体活动、科技普及的需要，拟建一座青少年之家，基地位于一公园内水池旁边，基地环境优美。其具体设计条件如下：

（1）场地要求

建筑主入口应与公园内道路相连接，应设置独立的内部出入口。场地内设置150辆自行车停车场。结合环境，尽量少破坏原有植被。

（2）一般要求

各房间面积不得超过或少于规定面积的10%。所有房间面积及总建筑面积均按轴线计算。

结构选型可采用砖混或框架结构，但必须在方案中表达清楚。

一般房间层高为3.6m，大空间不得超过4.5m。

（3）作图要求

画出底层及二层平面图，表示出墙体、门（开启方向）、窗及其他建筑部件。

画出承重墙、非承重墙或柱。

标出各房间名称。

表示楼地面标高及室外标高。

注出各房间面积及总建筑面积。

表示主要出入口及场地道路交通。

（4）房间面积要求

房间面积要求（轴线至轴线计算）见附表2。

在设计中应遵守现行有关规范之规定。

（5）其他要求

基地内道路应与公园主道路连通，道路应能通过建筑物各安全出口。

消防车道宽度不应小于3.5m。

所有房间均应自然采光（储藏室除外）。

内走道长度不超过20m时应有一端采光口，超过20m时两端应有采光口。

水池岸边可随建筑外形进行整理，建筑物距水面不得小于3m。

（6）底层平面及场地平面。

青少年之家场地图如附图2所示。

（7）图纸内容要求

各层平面图 1：200

附表2 房间面积要求

序号	房间名称	房间面积（㎡）	备注
1	门厅	60	设服务台一处
2	表演厅	600	多功能使用，要求平地，设活动台
3	电子游艺室	50	放映室等
4	乒乓球室	100	
5	棋类室	100	分为4间，每间25㎡
6	航模制作室	80	包括准备室1间
7	天文、地理陈列室	120	设天文观象台，直径4500
8	计算机房	50	
9	无线电教室	50	
10	普通教室	50X2	
11	阅览室及书库	200	可分为数间独立阅览室
12	美术、书法教室	50X2	
13	舞蹈教室	100	
14	音乐教室	50	
15	办公用房	18X6	
16	卫生间	50	可分处设置
17	交通面积	600	
18	总建筑面积	2518	

南、北立面图 1：200

剖面图1个 1：200

总平面图 1：500

经济技术指标、设计说明、分析图

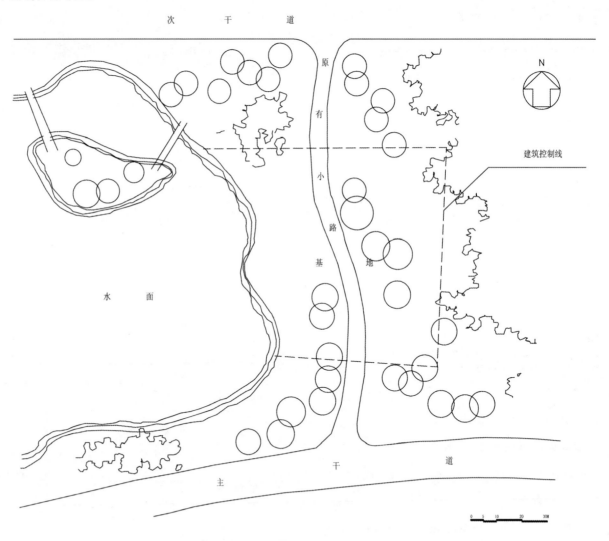

附图2 青少年之家基地示意

4 应试策略

在有限时间内,怎样展开快速设计?如果按照平时自己习惯的正常设计程序进行,当然会比较得心应手,然而在考试中时间有限,如果不紧凑安排,即使有很好的设计构思也难以有效表达,所以遵循有效的设计方法和解题步骤才能"又快又好"地进行设计,这也就是为何平时水平相当的同学,在"快题"考试中会有不同表现的原因。

经过大学期间的专业学习后,多数同学都有能力依据任务书要求完成设计任务,在前面的章节中也已经对设计的各环节加以分析,但想要提高效率,仍然需要掌握一些策略。

4.1 平行工作法

通常在做平时的课程设计时,我们都习惯于从环境着手,经过总平面、单体建筑的平立面、细部这样的工作环节,同时每一环节之间又有反复的过程,经过多次地修改调整方案才能成熟。然而这样的过程比较花费时间,一遍遍地的调整在考试中几乎是不大可能的,因为建筑设计的各项内容常常相互关联,一部分进行调整和修改,其他各部分也要随之被牵动。这样一来,平行地展开工作对提高效率来说,就显得十分重要。也就是说,必要的设计环节如从方案的概念构思到方案的框架建构、建筑平面的设计与结构逻辑的结合等,这些设计环节不是孤立地呈阶段性展开,而是互动同步进行的。

其实这种工作方法的原理说起来很简单,而且大家也都熟悉,例如,在作图时将立面图画在平面图上方,这样运用投影原理,可以直接将立面图、剖面升起来,既快且准,同时在绘制时发现问题也可以马上修改。这种思路也可以被应用到设计中,同步进行思维、设计和表达。同样是因为设计的各个步骤的相互渗透,相互影响,同时彼此需要验证和完善,完全有可能同步进行。因此下面针对快速设计中应当把握的"平行工作"原则对设计内容分别加以分析。

平面设计的原则

一旦设计进程进入平面设计阶段,设计者可以发现以下规律。

一方面,在总平面设计阶段,建筑环境与建筑单体之间互为因果、紧密关联。通常单体建筑设计都是从环境设计入手的,要考虑到环境对建筑的制约,但是当我们进行环境设计的构思时,还会发现单体建筑若干要求对环境条件的规定。从设计操作的效率来看,我们在研究环境设计中的问题时,头脑里也在不停地思考单体建筑的要求,否则孤立存在的环境缺少设计的意义;而在进行单体建筑设计时,还应考虑设计外部条件的限定作用,因为,这些外部条件既是单体建筑的设计约束,又是形成单体建筑设计特色和个性的灵感源泉之一。在这种平行思维中互相调整关系,才能使环境设计成为有目标的设计,使单体设计成为有限定条件的设计。

另一方面,平面设计阶段,也应当是对各层平面平行进行思考的过程。平面图常常是设计中最耗时间与精力的部分,在注册建筑师考试中甚至常常只要求画出建筑的平面,可见其重要性。通常只通过平面图就可以考查出设计的质量。我们在对建筑平面进行设计时工作也是平行进行的,因为有些设计因素必须几层同时进行考虑,诸如垂直交通体系的定位、卫生间系统的配置等,上、下层必须同步进行设计。同时,从室内空间效果考虑,公共空间例如大厅、大堂若要上下空间流通，那么在设计一层平面时，就必须同时考虑其上的二层平面形式、面积大小等设计问题。两者只有同步进行设计，互相调整才能达到设计目标。

在考虑上、下层各用房面积配置时，尽管在设计前期的竖向功能分析中已大体确定了方案，但涉及到具体设计操作时，还是要上、下层同时进行房间配置的设计调整，两层平面只有在不断地磨合过程中，才能逐渐完善、对应起来。

建筑设计与结构选型平行进行的原则

在进行快速建筑设计，尤其是平面阶段时，许多工程经验不足的同学常常忽视这样的问题：如楼梯上不去，柱网上的梁打头，看上去十分合理的平面，如果不通过绘制剖面进行推敲关系，很难发现平面上的错误。这就是因为滞后思考结构问题而给建筑设计带来的被动局面。

结构观念在建筑设计过程中一定要很强，在快速设计各工作阶段，设计者应当在平面设计大致功能布局已经确认后，就应立即着手为这个平面框架建立一个合理的结构体系。这是因为不同的结构形式决定了建筑不同的空间形式，例如框架结构的空间比砖混灵活，在快题考试中许多建筑面积要求在3000～5000m²左右，就规模来说，选择砖混和框架结构形式都可以，而选择框架结构则有可能实现更灵活的建筑空间。

同时，一个合理的结构体系，可以通过结构的逻辑性整理平面的关系，调整房间的面积，使建筑平面与结构系统和谐统一起来。当然，也不应当因为对结构选型的思考而打乱已建立起来的平面布局，而是要把各房间的平面形态纳入合理的结构系统之中，整理得合乎逻辑性，大大小小的房间可以有秩序地排列起来。

因此，在考虑建筑设计相关问题时，一定要同时把握结构选型的原则，这样不但避免出现危险的"空中楼阁"，还可以利用各种结构形式的特点营造丰富、有个性的建筑空间。

在文中我们将"平行工作法"进行分类解说，实际上，有经验的同学应当发现，在实际操作中常常是在总平面设计阶段，就连平面、立面设计一起考虑了，结构选型阶段，就一定会考虑到剖面的形式。因此这一节中的内容，只是为大家提供一种工作方法和解题思路，因为每一个阶段的工作都不是独立于其他工作阶段而孤立存在的，所有的工作都是同时展开的。在快速设计的实际工作状态中，应当把握"平行"、"同步"这样的原则，灵活处理工作中遇到的各种问题。

4.2 时间精力分配

在考试中，一定要科学分配时间和精力，合理安排工作计划，充分保证设计和画图的时间。

首先，在审题时应当一上来就明确任务书中的设计要求，例如面积控制要求、特殊功能房间的设计要求、设计成果要求（是否需要标注尺寸、包括哪些图纸内容及其比例、使用哪种表现工具与材料等等），这些内容是对设计者的基本要求，绝不可因为小小的疏漏带来遗憾。比如任务书中会要求在平面图上标注出各个房间的面积，如果漏读或者在做设计时将这句话遗忘，很可能导致整个设计成果不合格。因此，在审题时最好将重要要求用彩色笔在任务书上标注出来的，在设计成果完成后对照任务书逐项检查。

其次，在解题时应当抓住重点，任务书中庞杂的内容很难在第一遍浏览时牢牢记住，如果分清主次，将纲领性的内容把握住，在具体工作阶段再根据要求继续深入，就会提高设计效率。

例如,在消化理解单个房间功能要求时,若是每一个房间都去通读,不但难以每一个都记住,而且还会因为强行记忆一大堆房间的清单给心理造成负担,同时,过早关注单个房间的细节,又容易失去对建筑总体功能的把握。其实只要先分清楚几大功能的组成,再进一步搞清主次关系以及各大功能组成的面积就行了,剩下的工作在设计阶段再继续细化。

再次,快速设计考试的绘图过程与平时的课程设计或工程设计不同,有很具体的时间限制,同时表现手法灵活,线条不要求工整严谨,可以活泼奔放,但又不能失于潦草,因此绘图的时间一定要加快。在草图阶段,不一定非要用细的、肯定的线条来研究设计问题;定稿阶段,时间可以花多一些,这样绘制正式成果图时就省事多了,只要照抄定稿图就行。有些应试者在方案还犹豫不定时,就急于绘制正式图,结果一边画图,一边修改方案,反而耽误了许多时间,图面效果也不理想。

最后,通常考试时间为 6~8h,2~3h 进行设计,画图时间至少要留够4h,当然这也是因人而异。为了提高效率,除了加快画图的速度外,还要控制时间的分配。在快题考试中,把任务书要求的内容全部表达出来十分关键,漏画任务书要求内容会导致扣分甚至不及格,因此绝对不要在开始画图时将一项内容做得过分深入,这样不但占用时间,而且会给其后的修改调整带来困难,影响设计成果的质量。在考试中一定要严格控制各项工作的进度,设计工作很难做到完美无瑕,如果总想在设计阶段反复推敲,就一定会占用画图的时间,导致原本很好的设计构思得不到充分的表现,只能潦草画完图纸,设计过程虎头蛇尾。

4.3 如何校对复核

校对调整是指在完成了应试者自己知识能力所能及的全部考试内容以后,对卷面进行修改笔误和补阙遗漏的过程。所有工作环节是同步展开的,难免会有谬误疏忽,因此复核与修改是必不可少的,建议应试者从以下几方面着手:

平面图——房间设置有无漏项(基本功能要求是否满足、房间名称是否标注、卫生间是否成对出现、门窗开启方向是否正确等等);要求满足的条件(面积、层高、各种间距、动静态交通组织等等)是否都已达到;尺寸标注是否准确达到试卷中要求的详尽程度;绘制比例是否恰当;要求提供的技术经济指标是否准确;是否注出必要的说明和标题文字等。

立面图——与平面的对应关系是否准确;标高关系是否在立面中表示出来;体块投影前后关系是否明确等。

剖面设计——空间关系是否表示准确;室内空间比例是否适宜;女儿墙、采光天窗是否绘制正确;扶手、栏杆、窗台高度是否合适;室内外高差、房间地面高差是否表示;剖视方向是否正确;标高尺寸是否标注清楚等。

结构布置——层高是否合理;柱网是否完整等。

最后,有些看似不起眼的小问题,例如指北针的方向、比例尺、主次处入口处的箭头、楼梯踏步上下方向箭头、楼梯在顶层和底层的变化、剖切符、图名等,在绘制图纸时可能真的是在忙乱中漏画的,但阅卷人却容易从中判断应试者的概念是否清晰,因此一定不要漏画。

4.4 设计说明与分析图绘制

表述自己的方案有很多种说明方法,例如:数据图表、文字、图文结合的说明等等,对于建筑设计方案来说,一些说明性的文字是必不可少的,例如各种经济技术指标等等。有些设计考试还会要求绘制"分析图",目的是希望应试者借此更好地表达自己的设计意图,同时也可以从中考核出应试者的思维能力。

但需要说明的是,优秀的设计方案,一定是通过最简洁的手段圆满解决设计中的各种综合矛盾;同时,所谓的建筑"设计构思"、"立意"最终也还是要落实在平、立、剖面图上,所以好的设计作品并不需要过多的额外分析与说明,熟悉设计条件的阅卷人也很容易通过图纸中的主要内容判断出来方案的优劣。

事实上,也不是所有的考试都要求绘制"分析图",建议应试者在对方案进行说明时,应当利用文字来补充图面对方案表述的不足,例如从图面上难以直观看出的建筑选材、方案可能存在的未来发展。在时间充分有把握时,可以在图纸中附上个别分析图,一方面对设计方案的文字说明起到画龙点睛的作用,另一方面使读图人在第一时间内明确设计者的意图,如交通组织、功能分区等。建筑师通过图示语言来展示自己的设计作品,因此除了必不可少的说明性文字以外,应当尽量避免无谓的"构思"与"说明",以免因夸夸其谈而弄巧成拙。

例如,在快题中传达"生态建筑"的设计理念,其中某些技术措施可能难以通过平、立面表述清楚,需要通过文字阐述,而对日照通风的组织则要通过分析图才能有效将其示意出来。

另外,编写设计说明、绘制"分析图"的目的是对自己的作品进行说明,即展示的是设计的成果或设计过程,意识到这一点很重要,所以所有说明性文字和图示语言的语气应当是客观的,既不是向读图人抒发自己的情怀,也不是对读图人居高临下的说教。

交通流线分析

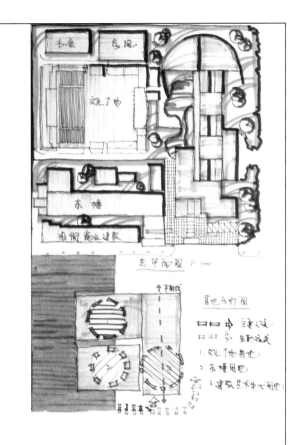

一般来说，在绘制这种交通分析图时，应当明确分清基地周边的主次道路、集散广场、主要的车行和人行交通的组织及方向，然后用不同的图例将其表达出来。无论使用哪种表现手段（彩色图例、单色图例），都要力求使分析图清楚易读，让读图人一目了然地把握建筑与环境的关系，了解设计意图。

这三例交通流线的分析图都从建筑周边交通环境着手进行分析，从而确定建筑的主次入口以及主要面朝向。通过交通组织来推敲建筑如何与外界发生关系，以确定设计意向，不失为一种寻找设计切入点的行之有效方法，如对于某些特定类型的公共建筑，尤其是医疗建筑、会展建筑、交通建筑、商业建筑等。

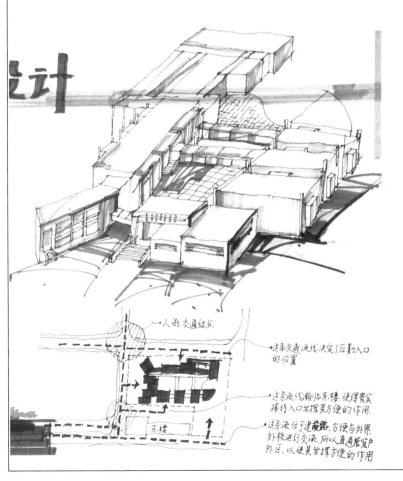

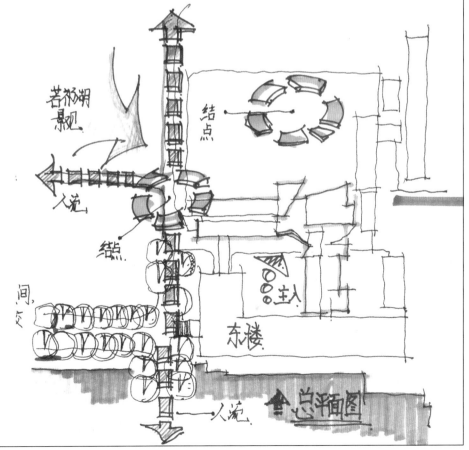

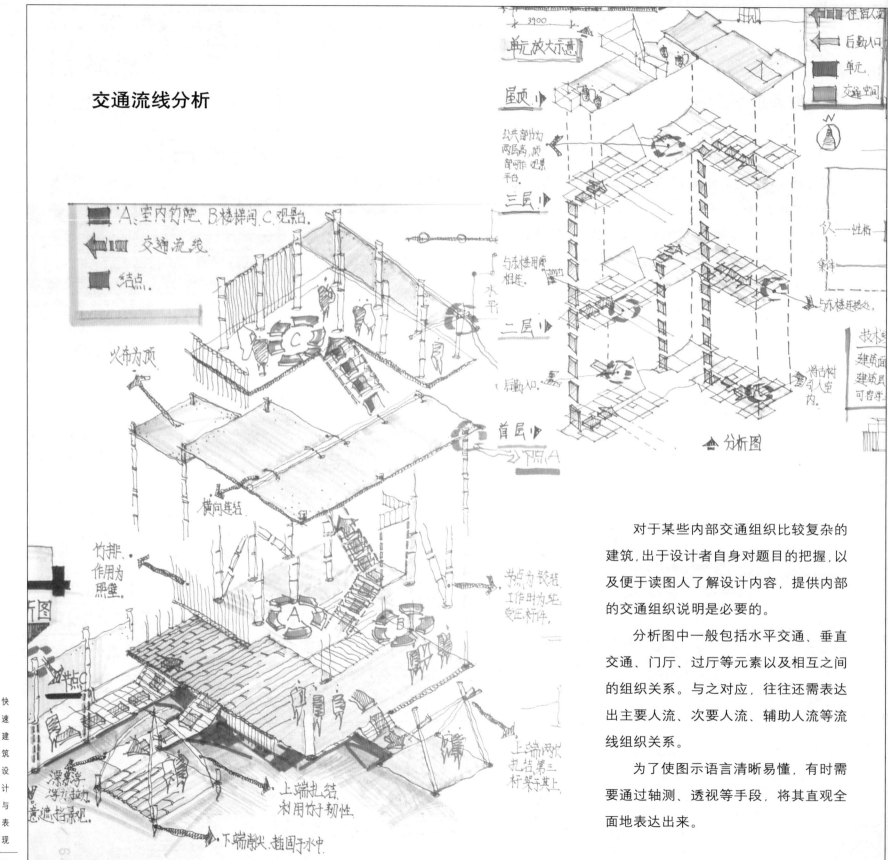

交通流线分析

对于某些内部交通组织比较复杂的建筑，出于设计者自身对题目的把握，以及便于读图人了解设计内容，提供内部的交通组织说明是必要的。

分析图中一般包括水平交通、垂直交通、门厅、过厅等元素以及相互之间的组织关系。与之对应，往往还需表达出主要人流、次要人流、辅助人流等流线组织关系。

为了使图示语言清晰易懂，有时需要通过轴测、透视等手段，将其直观全面地表达出来。

整体

分割

拆体

架空

体块构思分析图

形体分析

　　影响建筑形体形成的因素很多，比如历史背景、自然景观、交通环境、日照通风等，为了在图中清楚地表达出形体生成的过程，可以在图中附以建筑体块的构思分析图。

　　有时一些形体较复杂的建筑，很难让人在短时间内了解设计者的意图和设计依据，通过建筑体块构思分析图，读图人就容易把握形体的来源和演变过程。

　　需要说明的是，并不是所有的设计都需要这种分析，说明的内容以及份量需要设计者根据自己的设计来控制。

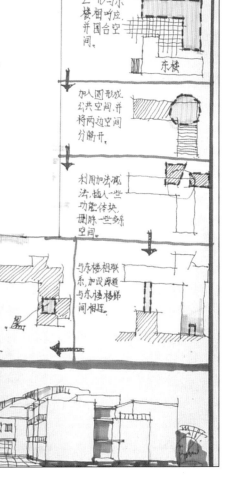

设计构思说明

　　绘制分析图的目的是清楚地阐明自己对题目的分析、构思的过程以及设计成果的内在关联，因此绘制分析图时一定要强调其逻辑性和目的性，必要时还需进行取舍。说明的形式可以根据设计灵活处理，文字说明、单独分项表示，表示出现状－分析－结果的过程都可以。

　　为了表达自己的设计思想，可以就很多个方面进行分析和说明，比如基地环境、功能分区、交通流线、结构布置、空间组织、形体生成、绿化景观、视线组织、色彩材质、设计概念来源等等，在做快速设计时，应当选择自己设计中最"出彩"，或者设计笔墨较重的部分加以着力渲染，使设计重点突出，特色鲜明。

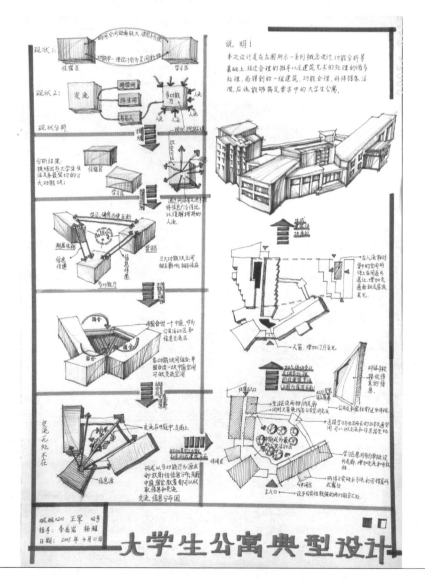

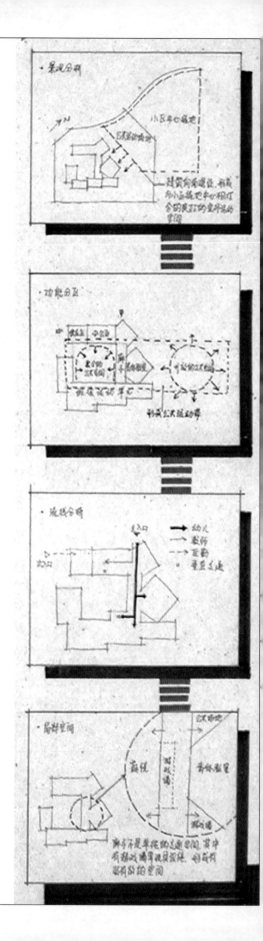

设计构思说明

从多个角度对方案设计进行充分的阐述，使最终设计成果的依据性很强。

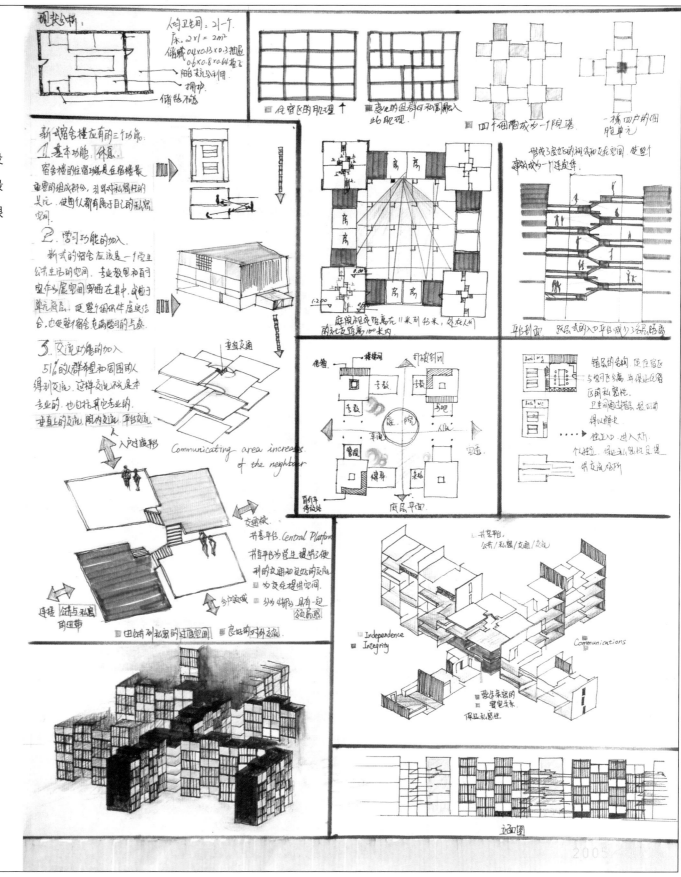

建筑作品解析

这是一组建筑解读作业，所谓"解读"其实就是对某建筑作品全面的分析过程。这组作业里，有些分析内容是建筑色彩，有些分析的是建筑与环境的关系，有些分析的是建筑平立面的构成。通过学习这些解读作业，设计者可以学习快速设计中需要的一些分析方法和表现手段。

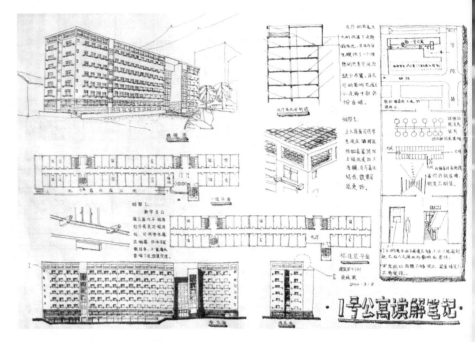

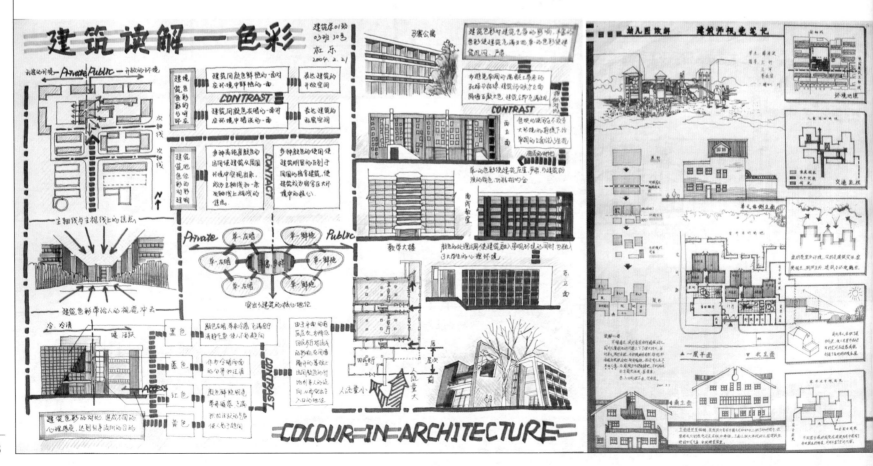

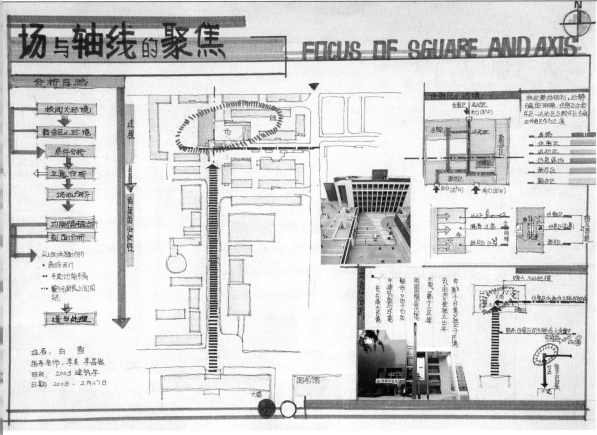

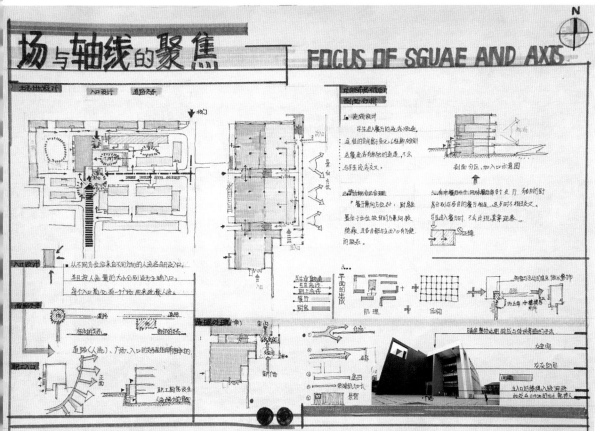

看似简单的设计成果，经过解析后可以理清设计者的思想脉络，发现其中丰富的内涵。

设计图纸本身就是设计者对自己设计意图的说明。通过对其他设计作品进行解析学习，不但有助于加深自己对建筑的理解，还能够把握在展示自己方案时，如何对平、立、剖面图难以清晰表达的内容进行补充。

5 高效的快速表现方法

在考试中时间有限，如果不合理安排，即使有很好的设计构思也难以有效表达。同时，正如前面说过的，快速设计方案所表现出的设计功底和表现技能完全可以反映出设计者的专业素质和修养，因此图纸表现上给人的第一印象尤为重要。

5.1 表现方法与工具的选择

通常快题考试对纸张、图幅有限制，表现手法则鼓励应试者自己发挥，有时会要求彩色的效果图；而注册建筑师考试则允许应试者使用透明纸，表现手法为墨线，同时不要求透视图、立面、剖面等。无论哪种考试，都应在表现上力求做到娴熟老练，不但可以在阅卷人面前为自己争取到良好的"印象分"，而且可以在考试时争取宝贵的时间。为加强自己的"手头功夫"，最好平时就加强练习，熟练掌握一两种的表现工具的使用方法。由于客观考试条件的限制，建议大家选用易上手、快捷的表现工具，并充分发挥它们的特点。例如，水彩的表现效果，可以用水溶性彩色铅笔代替，而油画棒上色均匀，但是难以刻画细节，常常只选择白色在深色色纸的背景上"提亮"。

在这里需要强调的是，表达的重点始终是建筑本身，不能过分追求花哨的表现效果，有时黑白图纸的线条的疏密、粗细控制得当，也能产生一幅好的作品。

点评

如图所示，色纸既可以用普通着色工具加重，也可以使用覆盖性强的油画棒、水粉等提亮，在实际使用中要灵活使用。

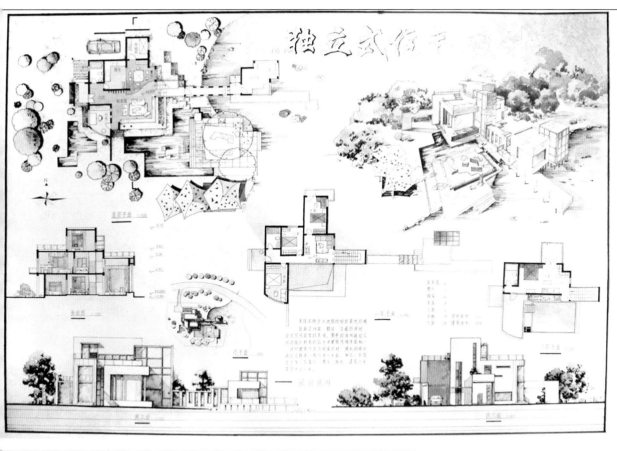

单色单彩

虽然在考试中,由于时间和现场条件的限制,使用水彩来表现图纸有一定难度,但是这样的色彩、调子,也可以通过马克笔或者彩色铅笔等其他工具来实现。在色彩选择上,我们建议对色彩掌握不熟练的练习者使用蓝、灰、墨绿等较为"沉稳"的颜色,这样较容易拉开层次,也不容易出现大的失误。这就需要大家在平时留心,多练习,掌握一种熟练的表现方法。

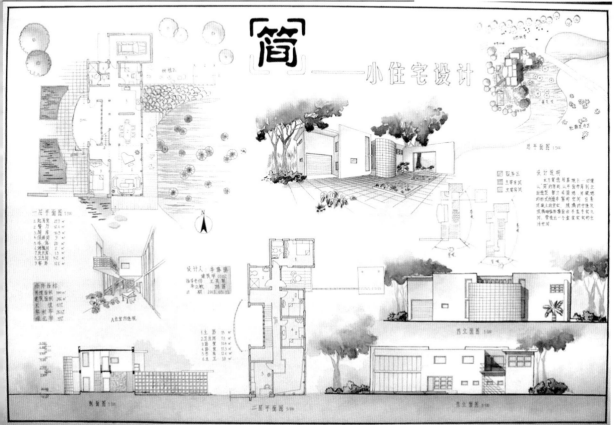

表现点评

这是两张使用单色淡彩表现手法的学生作业,构图与表现中规中矩,缺少"亮点",但图纸内容充实、饱满,色调掌握得当,我们从中可以体会到一些单色表现的技巧。

单色表现

在不影响整体色彩构图效果的情况下,可以在图面局部利用高纯度的色块或线条调整图面氛围,使图面效果活泼生动。但要注意控制色块的面积,饱和度高或亮度低的色块面积宜小,反之色块可稍大。

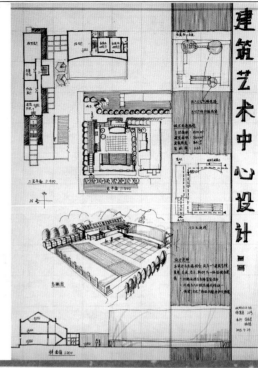

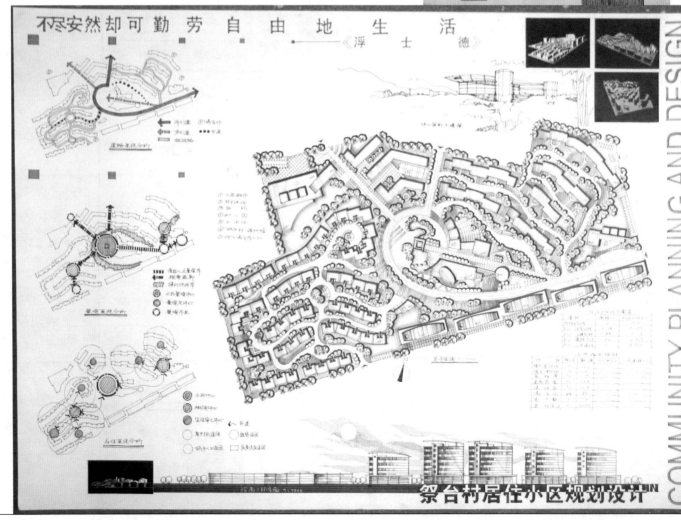

表现点评

对于不限定材料的考试，选择自己熟悉的纸张对于应试者取得最佳成绩无疑是很有帮助的。考前要尽量熟悉笔墨纸张的特性，多加练习，这样考试时才能做到事半功倍。而对于限定纸张材料的考试，应严格按照试题要求，千万不要标新立异造成犯规。

与白纸相比，色纸可以通过底色将图面内容"统一"起来，有时能够使原本比较零碎的构图看上去整饬有序，同时色彩在色纸上也显得不那末"出跳"，纸张本身的底色能作为表现的手段，因此是一种很受青睐的表现手法。

在纸张选择上，一般选择色调中性的灰色调，比如牛皮纸、白卡纸的背面、饱和度较高的彩色纸等。在进行图面表现时，利用色彩、线条的疏密粗细，发挥出色纸的个性。

表现点评

　　这幅作品绘制在色纸上，利用钢笔线条的疏密、粗细和纸张底色来形成图面上的调子，也不失为一种利用色纸的好方法。

　　需要指出，在考试中，许多可以用色彩铺就的面也需要线条一根一根排出，花费大量时间，同时由于时间紧张难以保证每根线条的质量，整体效果容易显得潦草。建议对线条把握缺乏信心的同学，放弃采用这种表现手段。

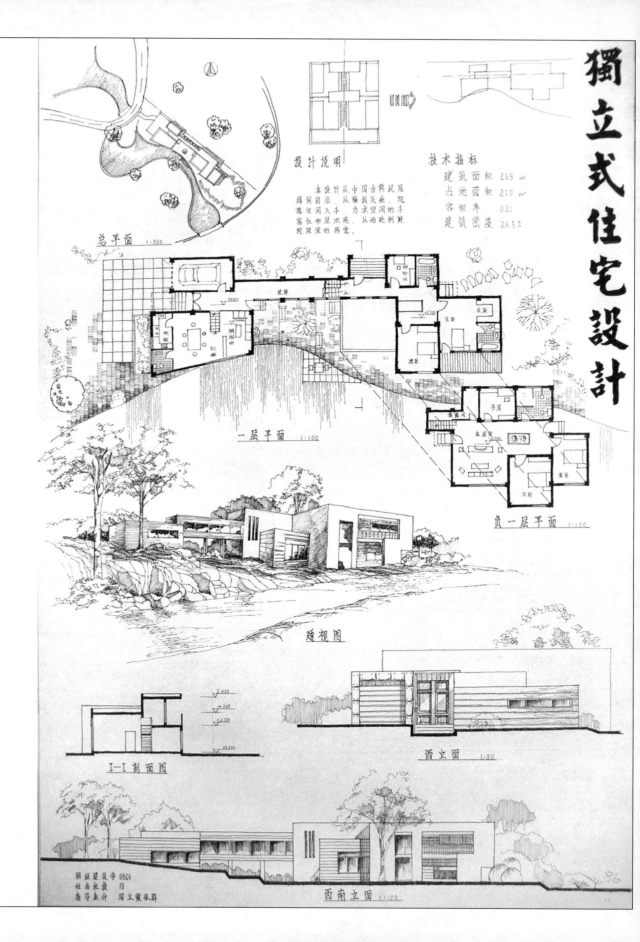

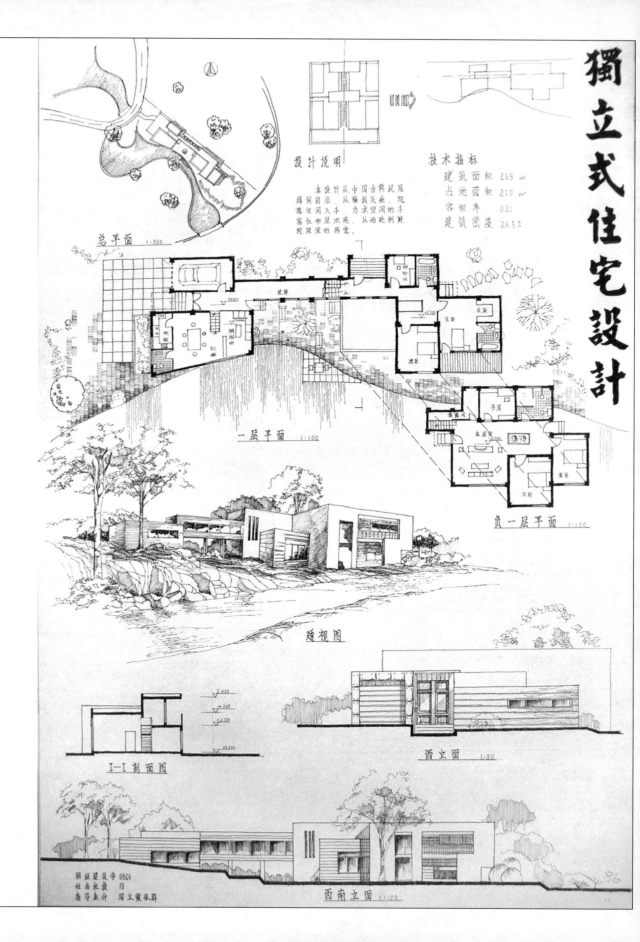獨立式住宅設計

設計說明　技術指標

建筑面积 265 m²
占地面积 210 m²
容积率 0.21
建筑密度 26.5%

总平面 1:500

一层平面 1:100

负一层平面 1:100

透视图

I—I 剖面图

西立面 1:50

西南立面 1:100

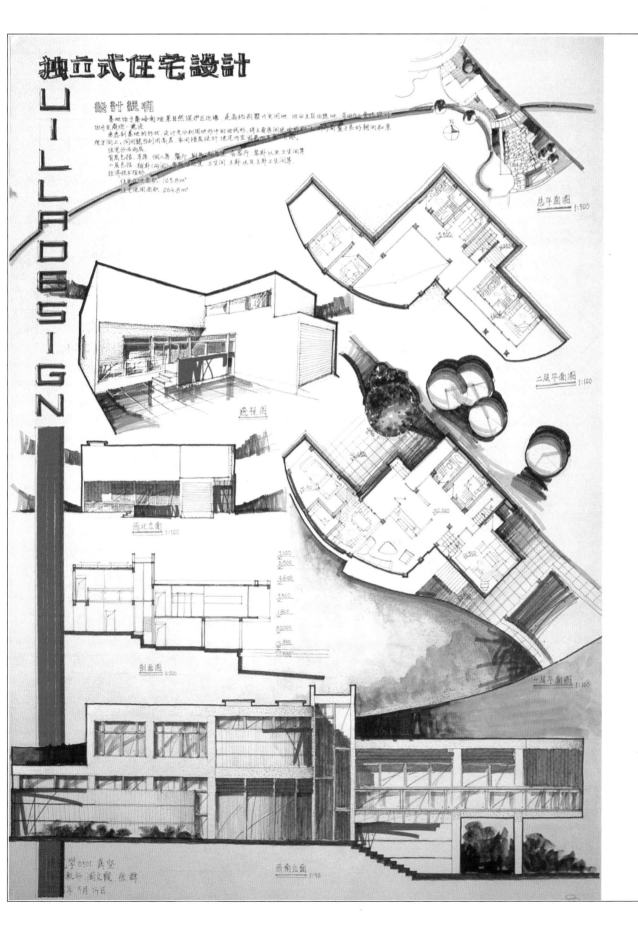

独立式住宅设计

设计说明

基地位于峰峦南坡某自然保护区地带，是属构别墅开发用地，地处主目明较地。可由公路连接设计出入口通往一层院。

为适应基地的地形，设计在分割地形中时的地形，增加房屋间距，以使房间避地光照与所需要中布置于长的剖面和景。

规划上，间距越控制间高度，采间错层设计使室内室间相。

住宅分布两层。

物质包括：车库，佣人房，架厅，厨屋客厅顺房以及卫生间等。

二层包括：楼卧（画间）更衣、卫生间主卧次卧主卧卫生间等。

经济技术指标：

住宅建筑面积：123.8 m²

住宅使用面积：264.8 m²

表现点评

这张设计作品的色彩明快、鲜亮，如果在白底色上可能会显得有些刺眼，难以调和，笔者选择了灰色纸使整体色调平和，高纯度的红色和绿色反而成为了"点睛之笔"。

马克笔表现

　　马克笔表现效率高，"一笔成形"，最适合体现挥洒自如的图面风格，但是不易修改。

　　普通的宽头马克笔在细节刻画上略显逊色，难以单独使用，需要用钢笔勾画出形体。

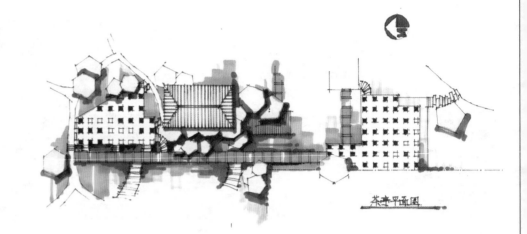

茶亭平面图

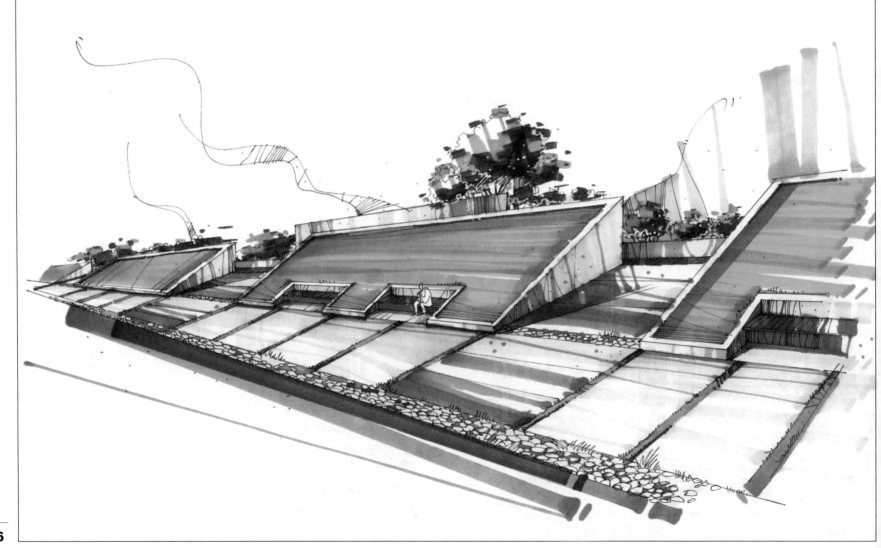

马克笔有水性和油性之分，两者表现效果不同。可以根据
自己的喜好选择，不拘一格，灵活使用，发挥各自的特点。

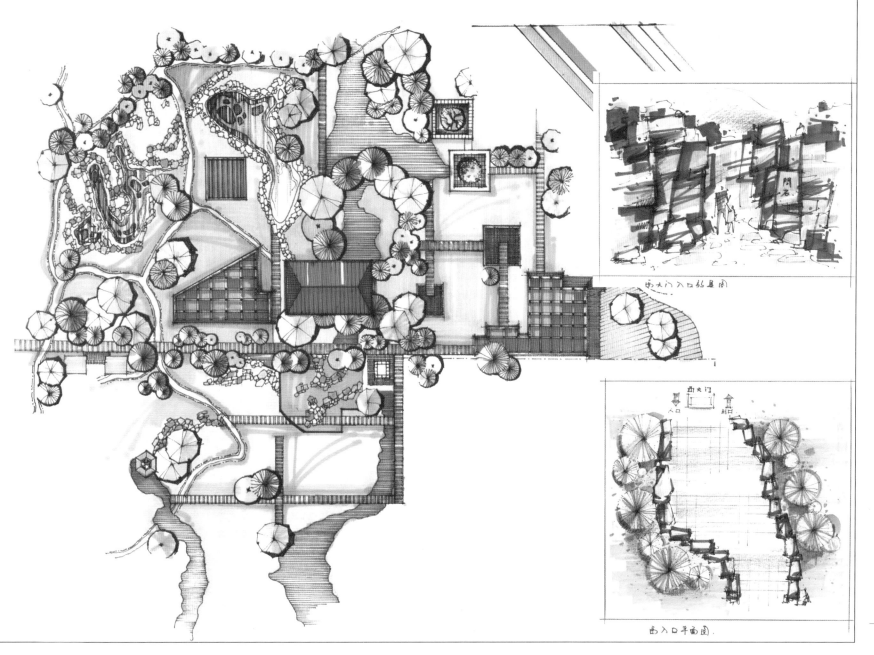

西大门入口的景阁

西入口平面图

水性马克笔价格便宜，色彩透明感强，颜料不会因为渗透弄污纸面，但是在多遍叠加后线条重叠部位色彩变得污浊浑重，看不出笔触；油性马克笔（酒精笔）色彩鲜亮，快干，色彩多次叠加后仍然笔触清晰，色彩保持清澈透明，但是容易渗透到纸张背面。

两种笔各有特点，往往也可以混合使用，因此设计者可以根据表现情况选择笔的性质。

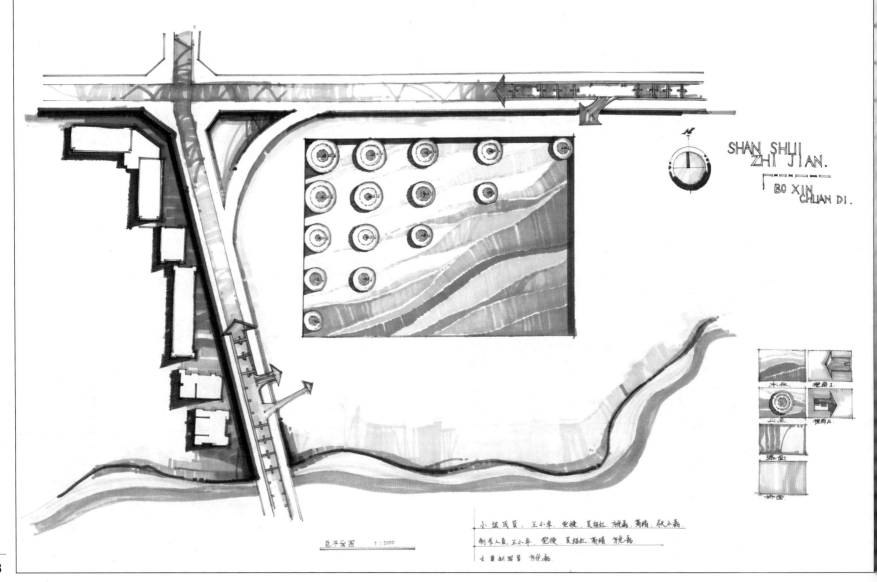

总平面图　1：1000

铅笔表现

由于铅笔本身的固有特性，表现风格可以很灵活。可以利用线条细腻地雕琢细节，也可以通过笔的侧锋抹出块面表达奔放不羁的构思，同时，铅笔线条还易于修改。但是铅笔附着力差，经过诸多环节的转移，会给图面质量造成损失，往往呈现给阅卷人的作品已经偏离了设计者最初的表现意愿。因此铅笔最适合快题的方案构思阶段，而不太适于最终成果的表现。为了保证质量，可以使用定影剂喷涂固定铅笔磨粉。

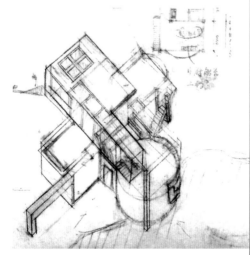

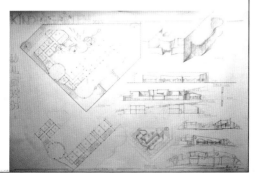

彩色铅笔表现

彩色铅笔上色方便，同常规铅笔一样可以表现出线条与块面，水溶性彩色铅笔还可以加水营造出水彩的效果。但是难以表现细节，单纯使用彩色铅笔表现的画面缺乏感染力，往往色彩不够饱和或者线条零乱，如果精心雕琢，又会花费大量时间。所以最好结合其他表现手段一起使用，例如钢笔、马克笔等。

表现点评

这张作品整体色彩偏多，显得有些零乱，同时因为彩色铅笔本身色彩难以深下去，反复加重绿色配景，绿色线条过分抢眼。

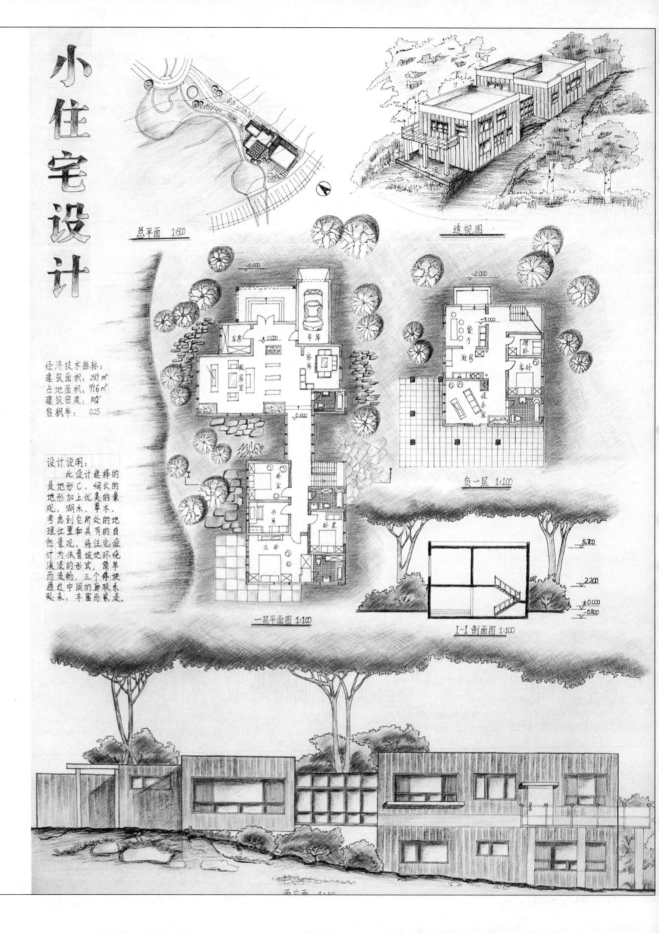

小住宅设计

总平面 1:500

透视图

经济技术指标：
建筑面积：250 m²
占地面积：996 m²
建筑密度：10%
容积率：0.25

设计说明：
此设计选择的是地形C，细长的地形加上优美的景观，湖水、草木。考虑到它所处的地理位置和具有的自然景观，将住宅设计为依靠坡地顺流的形式，简单而自然，三个体块通过中间的廊联系起来，丰富而起伏。

负一层 1:100

一层平面图 1:100

I-I剖面图 1:100

西立面

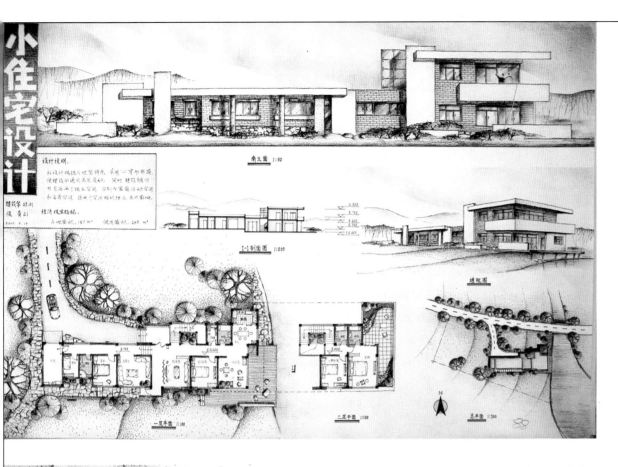

表现点评

这张作品使用彩色铅笔结合钢笔线条，利用深色的钢笔线条（见一层平面图）勾勒形体，彩色铅笔填涂色彩块面，整体把握恰当。

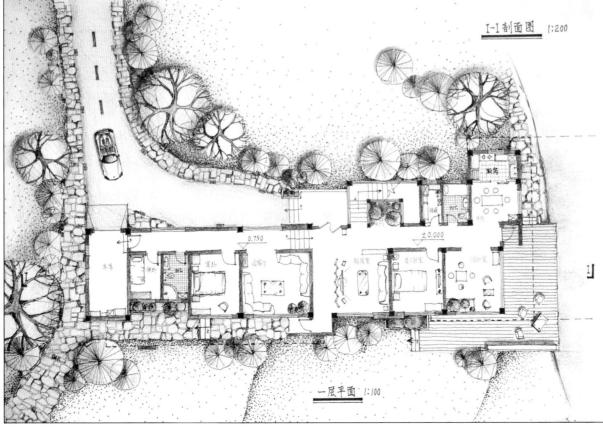

通过放大的平面图可以看出彩色铅笔和墨线结合使用的技巧。

水溶性彩色铅笔表现

　　水溶性彩色铅笔可以加清水，营造出水彩的效果。

　　这几幅作品，钢笔线条自身具有足够的表现魅力，结合彩色铅笔线条和水溶性彩色铅笔的水彩效果，使画面更加挥洒。

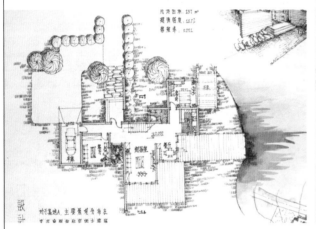

水彩表现

由于时间紧张，工具复杂，一般不建议在考试中使用水彩。

但是水彩具有独特的表现力（流畅自如、色彩透明、铺面效率高），同时在进行建筑表现时并不需要"画"出水彩画的效果，而是以涂铺色块来表现出建筑的神韵，因此如果掌握很熟练，使用得当，完全可以在众多作品中脱颖而出，起到一鸣惊人的效果。

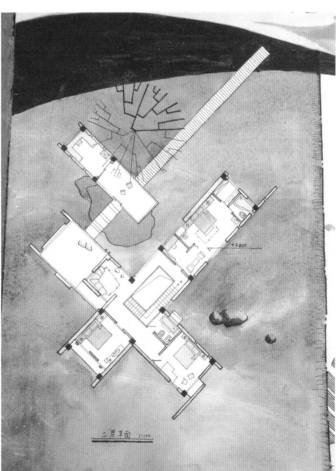

综合表现

前面讲过，各种表现工具各有特色，单独使用任何一种手段都难以完美表现出建筑，因此往往在实践中往往是多种表现手段综合运用，各取所长。

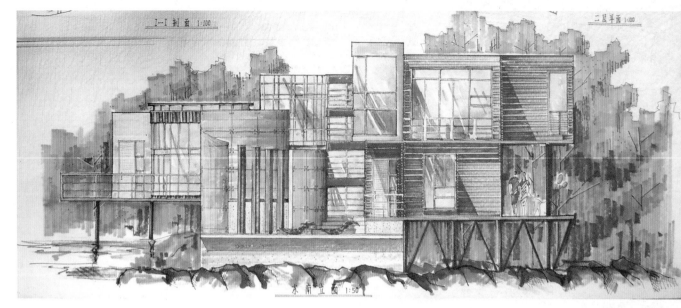

表现点评

这张表现图运用钢笔线条刻画细节，勾勒形体，运用水彩铺色，运用马克笔和彩色铅笔塑造形体。当然，在具体某张作品中，肯定是以一种手法为主。

透视图表现

下面择选了一些不同特色的透视图，
大家可以从中参考工具的特性和技法。

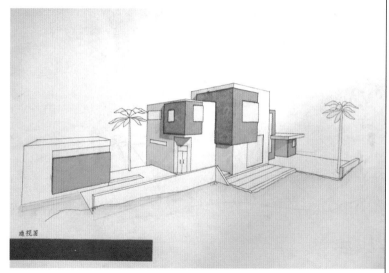

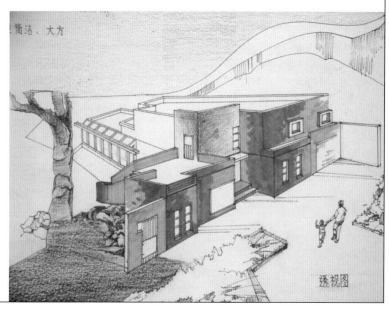

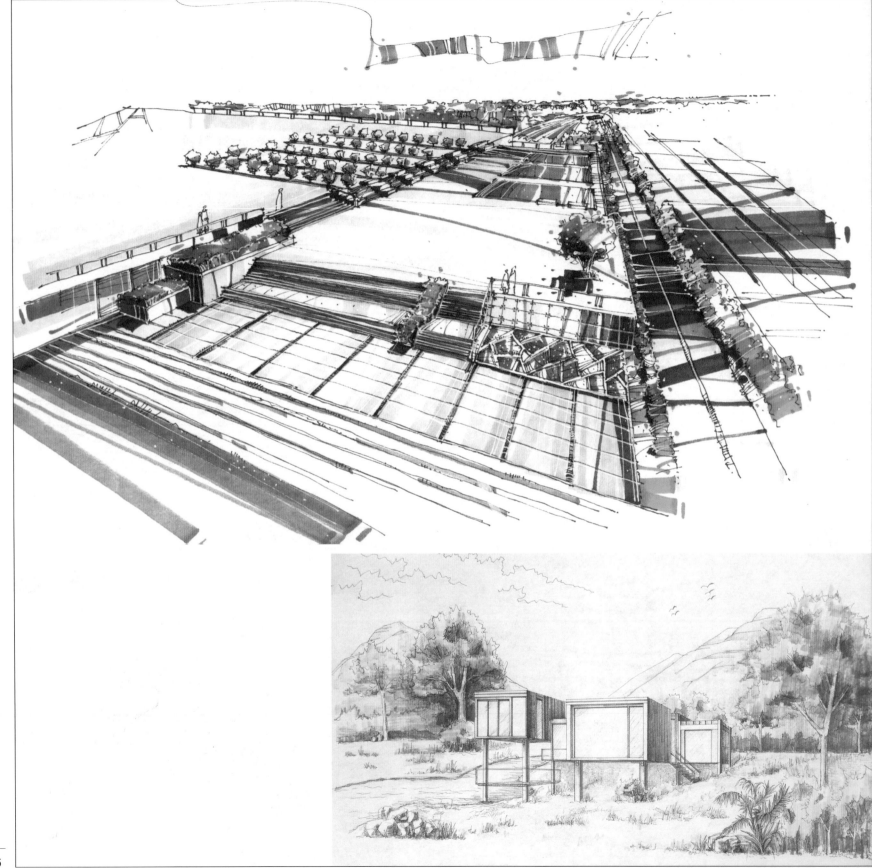

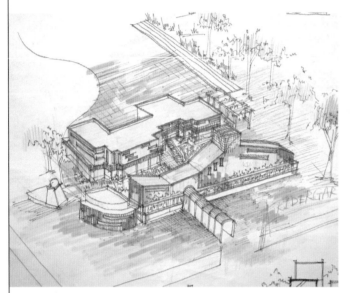

透视图

学习区采用外走廊并抬高,与中庭相通相融以更好地促进交流和促进劳逸结合.

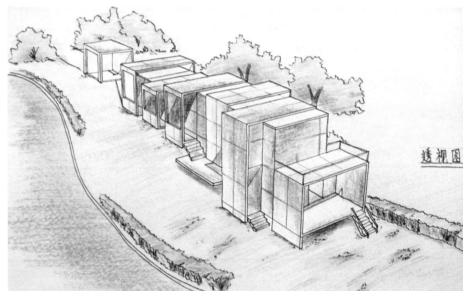

透视图

5.2 排版构图原则

快速设计从各方面考评设计者的综合素质,有经验的阅卷人不但可以通过平面、立面、剖面的设计判断出方案的优劣,也可以从表现技巧、版面的效果判断出设计者的设计修养和工作条理性,一般来讲优秀的设计作品,图面效果也一定是令人满意的。同时,整洁、鲜明的版式能够给阅卷人以良好的第一印象,甚至影响到整个设计成绩的高低,因此其作用是不可忽视的。

版面布置应当均匀而重点鲜明,将着重表达的内容作为整张图纸的视觉中心。通常一层平面图与其他各层平面图相比,需要表现室外环境,因此内容比较多,如果将它们在图面上排布在一起,就会产生"轻"、"重"不均衡的感觉,需要利用其他构图元素来平衡。另外,由于图纸上各项图形不一致,份量也不同,在排版时难免出现空白处,这时就需要稍加处理,例如添加一些与设计相关的说明、符号等,使图面饱满充实,整体感加强。

构图点评

这张作品构图手法娴熟,图面生动,却不失秩序。在一张图纸上组织一系列小图(如分析图、小透视图等)时,可以借鉴这样的构图手法。

首先,利用文字、成组的小图作为构图元素,组织画面;其次,构图重点突出,将"小区中心平面图"作为视觉中心,图纸深度恰当,画面疏密有致。值得注意的是,左侧橙色小色块的运用,既平衡了画面,又为色调深沉的图纸"提亮",但是这种明快的颜色在运用时应当谨慎,避免喧宾夺主。

居住小区规划设计

COMMUNITY PLANNING AND DESIGN

构图点评

左图在构图上最主要的问题是不统一，表现在：使用工具、表现手法两方面。图纸上部图底关系混乱，马克笔绘制的透视图色彩又过分鲜亮，比平面图还"抢眼"。但值得肯定的是，为了平衡左侧马克笔表现透视的份量，在右下角图纸标题处运用了红色的色块，取得了一定的均衡效果。

右图构图很成功，手法灵活，主要运用深蓝色及其补色橙色进行色彩构图，这两种鲜明的颜色和左侧浅色条状背景面积控制得当，同时辅以斜线、曲线丰富图面。但美中不足的是，由于过分追求丰富的图面变化，无谓地添加了一些线状构图元素，干扰了"图底关系"，使建筑室内外关系不够清晰明确。

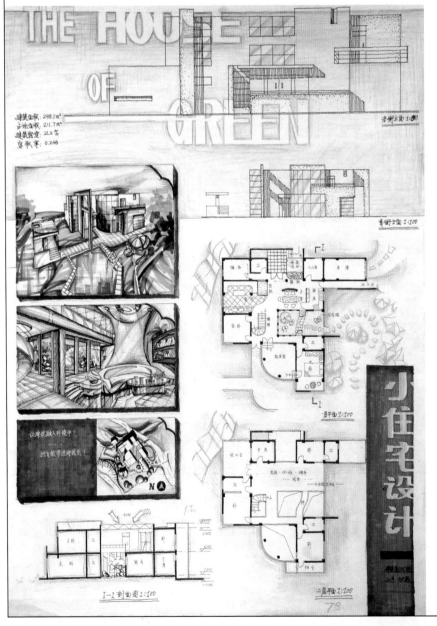

构图点评

左图则使用对角线构图手法，以居于图纸上方的色彩浓重的透视图控制整幅图面，其对角位置为颜色清淡的一组分析图。左上角与右下角部对应的分别布置成组（三张小图）的小图。这种构图方法内在条理清晰、均衡而又不失变化。

右图为网格法构图，但又有创新之处：利用中间标题文字将图面分为宽窄不同的两部分，内部分别由成组的小图块组成，左右两部分间又通过色彩和线条强化了相互间的联系，使得画面统一、又不失变化，内容清晰易读、符合逻辑。

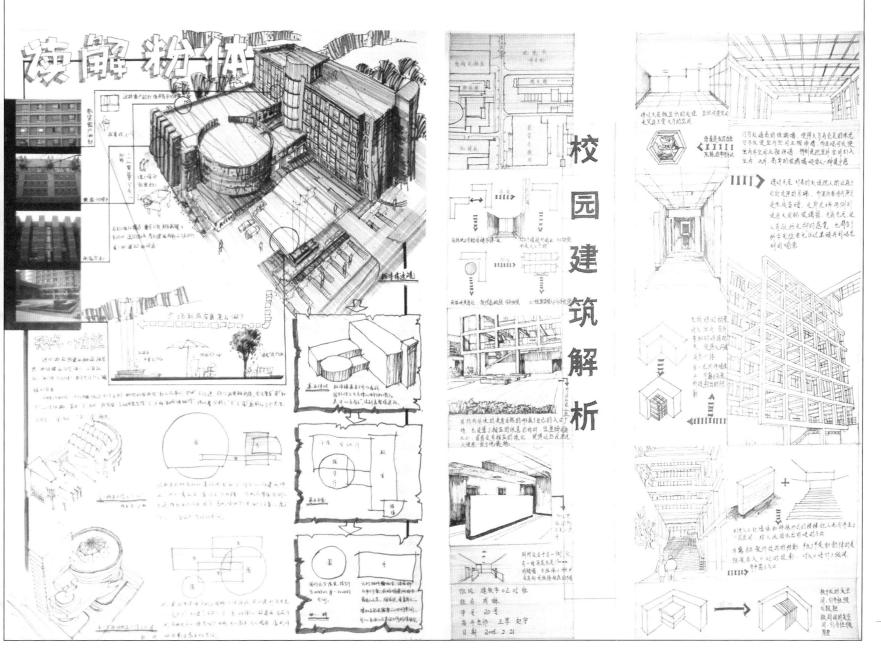

5.3 图例配景画法

　　配景在图纸上起到的作用是渲染环境气氛、丰富空间层次、衬托建筑尺度，掌握常用的配景、图例表示方法，例如指北针、平立面植物的近景远景，人、车等等，可以在考场上使图面生动起来，也能够反映出自身的设计修养。

　　在图面上安排配景很重要，并不是随意加缀就能起到好效果的，配景的配置要根据构图需要，力求"锦上添花"，避免"喧宾夺主"。

　　下面提供一些适宜快速表现的配景画法，供参考。

配景点评

　　这张作品使用马克笔和彩色铅笔来表现建筑配景，平面树型、色彩都很丰富，但是立面配景色彩过于浓烈，团块也铺得过大，甚至比立面、剖面图还突出，影响了图纸内容表达。

　　在表现建筑配景时，不但要熟悉各种工具的使用特性，还要加强平时的练习，力求使用每种工具都能掌握几种的配景画法，在考试时才能高效表现出高质量的作品。

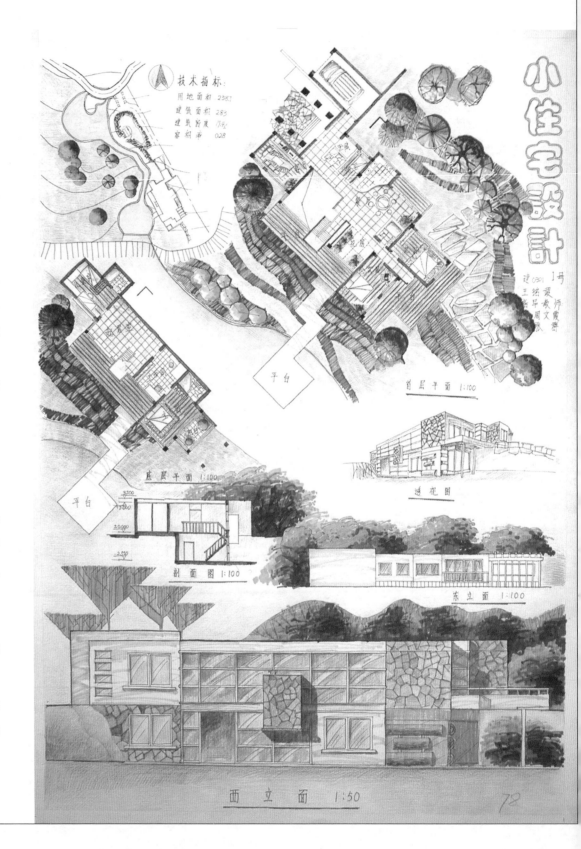

常见配景画法

　　配景的绘制要烘托表现的主题——建筑，进行适当提炼和取舍，才能收到事半功倍的效果。这几例配景的画法意简言赅又生动活泼，线条与色彩搭配，多角度地展现了一套方案中，配景如何与环境、建筑结合。

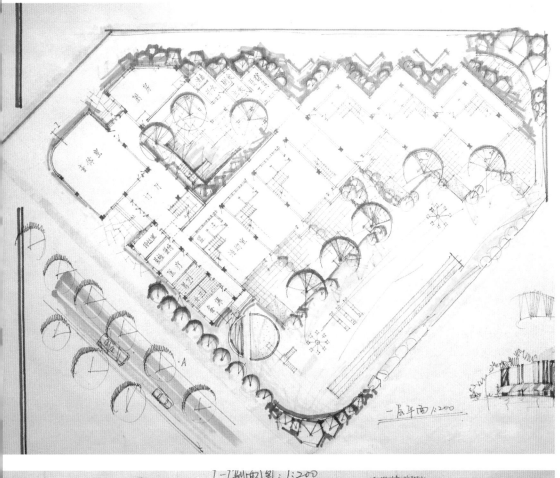

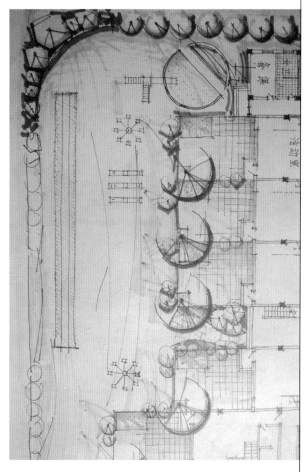

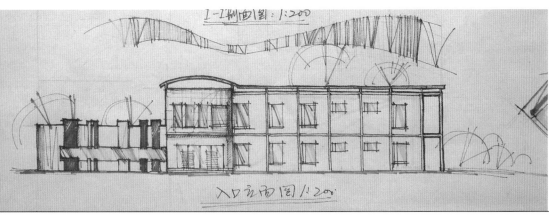

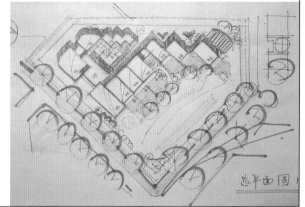

常见配景画法

　　这几例配景树的图例清晰流畅, 表达层次和色彩的手法概括性很强。这种画法简练、可操作性强, 工具也易于选择。不但在考试中表现效率高, 而且在短期内集中训练, 就可以收到很好的效果。

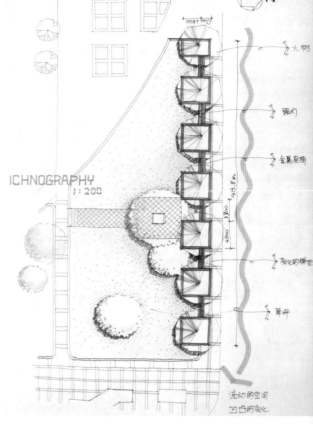

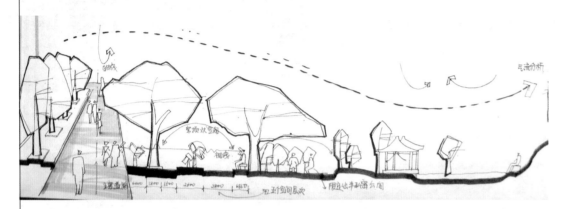

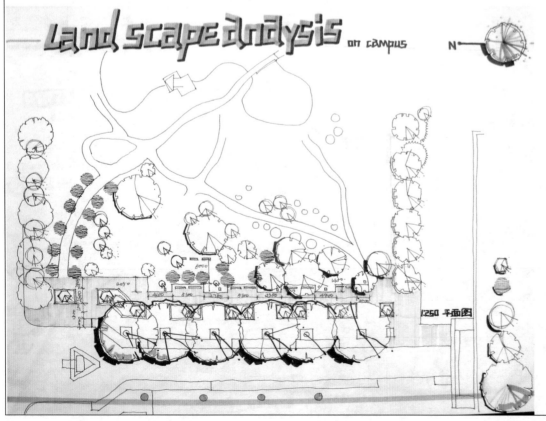

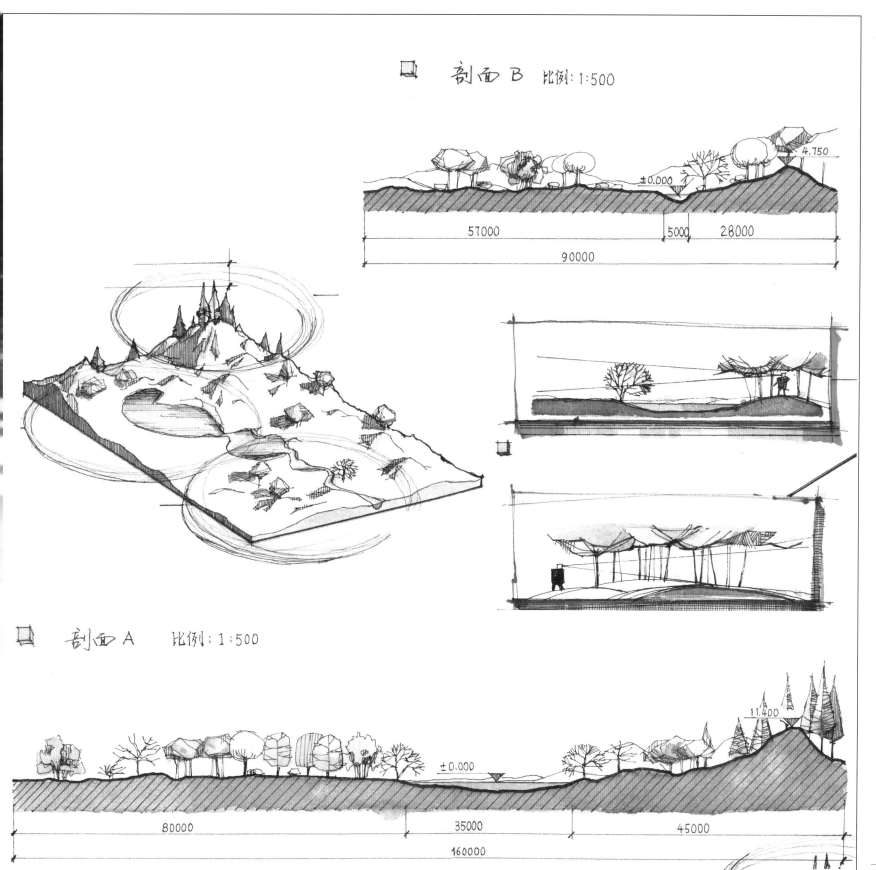

剖面 B 比例: 1:500

4.750

±0.000

57000　　5000　28000

90000

剖面 A　　比例: 1:500

11.400

±0.000

80000　　35000　　45000

160000

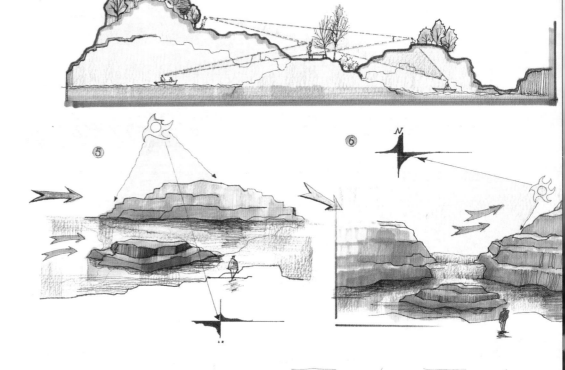

常见配景画法

　　相比之下，这几种图例的画法更显细腻丰富，对工具和纸张的要求也较复杂，要结合彩色铅笔和马克笔的色彩，还需要质地粗粝的纸张来表现块面的纹路。因此这种画法更适于在景观设计和园林设计的图纸中，将植物作为表现主题时使用；当然，对表现功底的要求也较高。

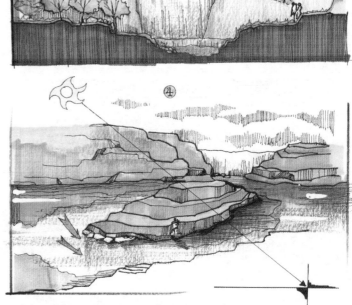

6 常见快速设计考试特点

在建筑师业务成长的道路上，会面临多次快题考试。应试者有必要了解各类型快速设计考试的特点。不同类型的考试内容、考核目的各不相同，虽说过硬的专业素质是在考试中取得理想成绩的基础，但如果在考前针对考核"有的放矢"地制定应试方案、有目的地进行专项练习准备，这些努力一定能够反映到考试的成绩上来。

6.1 研究生入学考试

这是一种选拔性考试，其目的是判断应试者能否进入下一阶段更高层次的学习，要求设计者在专业上理论功底过硬，反应敏锐，有一定的学术洞察力，掌握快速设计的基本方法和手段，熟悉一般的建筑创作语汇，而这些全部要通过图面反映出来。这一考试着重考核的是方案的创作构思过程与基本的设计手法、设计立意、造型能力、基本问题（功能分区、交通流线组织）的处理、空间组织、图面表达等内容，而对技术问题相应的要求较低，只要不违反一般的原则，有可能继续深入就可以了。

对于本科生来说，这种考试题目的内容一般较熟悉、规模不大，功能也不太复杂，一般常见题目有：文化活动中心、展览建筑、社区会所、俱乐部、中小学、商场等，规模约为3000～5000m²，常为多层建筑。通常还不限制使用的材料和表现手法（透明纸除外），给应试者更多的创作空间。因此，构思巧妙、过程完整、表现手法突出的试卷很容易在从众多试卷中"脱颖而出"。

通过设计成果就可以判断出设计者的专业水平，除了对方案的评价，图面排版、色彩控制、图文搭配、疏密关系、线条功力都在一定程度上反映出应试者的业务修养和设计素质，因此在应试前应当加强线条、透视表现和图面构图的练习，在有可能的情况下，还可以通过模拟快速设计考试来实战练习。

6.2 设计院招聘考试

应试者经过大学阶段的学习，已经初步具备了基本的专业工作能力，在毕业寻找工作时都会面临设计院举行的各种招聘考试，其中的快题是必不可少的一项内容。与研究生入学考试的快题相比，设计院快速设计考试相当灵活，表现在：考试时间可长可短（一般都在4～6h左右），题目规模可大可小，小到别墅，大到高层综合楼都有可能出现，但一般还是局限在民用建筑的范畴内，工作深度也很灵活，最简单只需完成某层平面或者一个立面设计，比如高层的标准层设计就只需一张平面图而已，更有要求毕业生完全使用计算机来设计的情况。

由于目前的机制，设计院主要是希望通过招聘考试这种形式吸收新鲜的创作血液弥补方案创作力量的不足，它特别强调独立从事方案的能力。设计院招聘主要考察的是应聘者的方案构思能力、应变能力、造型能力，有时会根据工程项目的需要，提出一些特殊的要求，例如改、扩建工程等，或者只做总平面布置。

很难简单地准备这种考试，因为它的不确定因素太多了。但是尽管形式不同，它的测试要点和学校教育重点还是一致的。因此不必过分紧张，也不必刻意做类型上的准备，只要平时多留意观察、掌握基本问题的处理方法、加强手头练习、必要时做些技术上的突击准备，能够做出一张漂亮的图纸，应该就可以应付。

在这种考试中，想反映出应试者扎实的专业素质、严谨的职业态度，就一定要避免出现诸如结构不合理、平面功能不当、面积分配欠妥、暗房间、文字图例错误等低级问题，以免影响阅卷者的第一印象，因为设计院的阅卷者长于实际工程操作，对这类问题十分敏感。

6.3 注册建筑师考试

与上述两种考试不同，注册建筑师的考试大纲明确提出考试要求是"检验应试者的建筑方案设计的构思能力和实践能力"，而不是考核建筑创作的"灵感"，它既不是课程设计又不是项目投标，一定不能追求"标新立异"的形式构成。因为在这种考试中对建筑面积与功能流线要求都比前两种考试要严格得多，例如曾经考过的航空港、法院、医院、手术楼等。如果单单为了造型需要采用两种柱网并且毫无道理地扭转角度，或采用不规矩的异形平面等，只会在考试中耽误时间，还会在面积上丢分，实不可

取。既然测试的重点不在于建筑方案的独特性和创新性，而在于设计的合理性和逻辑性，就应该尽量采取简单常规的方式去解决复杂的问题，以达到节约时间、减少疏漏的目的。力求以一个稳妥的方案将设计问题想得深入一点是最有效的对策，只要严格遵循设计任务书要求，怎么"省事"，怎么"规矩"就怎么做。

另外，应试者不要使设计内容超出任务书的要求，或者在图纸上出现画蛇添足的东西，凡是在试卷中未提出的要求、未给定的条件，考试时一律不应考虑，凡是试卷之中给定的条件，提出的要求必须严格遵守和认真解决。因为建筑方案设计的深度是相当有弹性的，而时间有限，所以抓住主要设计矛盾，适度地掌控设计深度与工作进度，才能节约时间，合理分配精力与时间。

在建筑设计中严格遵守法规规范是建筑师的职责，也是一级注册建筑师考试的重点。这不仅是对条文的背诵，而且需要在设计实践中不折不扣地反映在设计图纸上。在总平面布置、平面功能组合、空间构成方面都要严格遵守法规规范的要求，包括各项防火规范、有关无障碍设计的规范、"民用建筑设计通则"等，特别是各项强制性条文必须掌握。

在注册建筑师考试中会出现没有接触过的建筑类型，但任务书会给出详细的功能分析图，只要依据它改变成相应的平面图，再加以适当的组织就可以基本满足要求了。

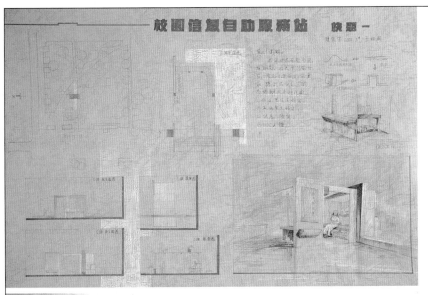

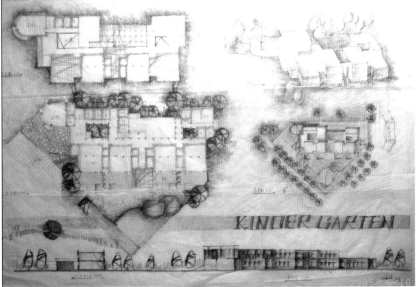

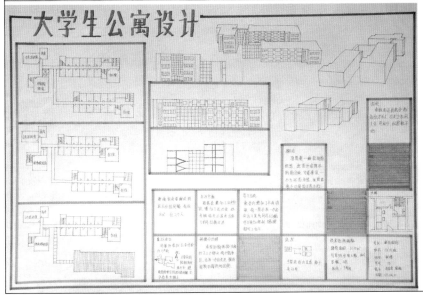

7 作品评析

7.1 常见图面问题

作品点评

上图纸张选择不当，云彩纸本身纹路粗糙而且不均匀，同时纸张底色过重，影响了正常的方案表达。

中图中可以看出方案作者的基本功很扎实，但拷贝纸加彩色铅笔的表现方式缺乏感染力，纸张质地单薄，难以深入上色表现，使图面灰弱，不适宜在考试中使用。同时，就局部来看，每个图块表达的都很得体，但整张图面仍然不够统一。

下图方案表达深度不当，剖面和平面绘制过于简单，甚至出现错误。虽然作者试图通过框格加强图纸的统一性，但构图还是过于分散凌乱。

作品点评

这张作品色彩明快,表现技巧熟练,有一定的章法,但是仍然存在一些问题。

图纸中反映出来的平、立面图深度不一致,立面图刻画得很深入,而平面图存在一些功能性的问题,可见作者的时间分配不够合理,工作中的各部分内容也缺少相互呼应。这是一份难以得到高分的设计作品。

从建筑平面中反映出以下问题:建筑与道路的连接关系缺乏处理;两部分体块连接勉强,交通组织概念不强;底层平面室内外关系不清晰;娱乐部分内部功能混乱;缺少正确的指示图例(如表明上下方向的箭头、底层标高符号等)。

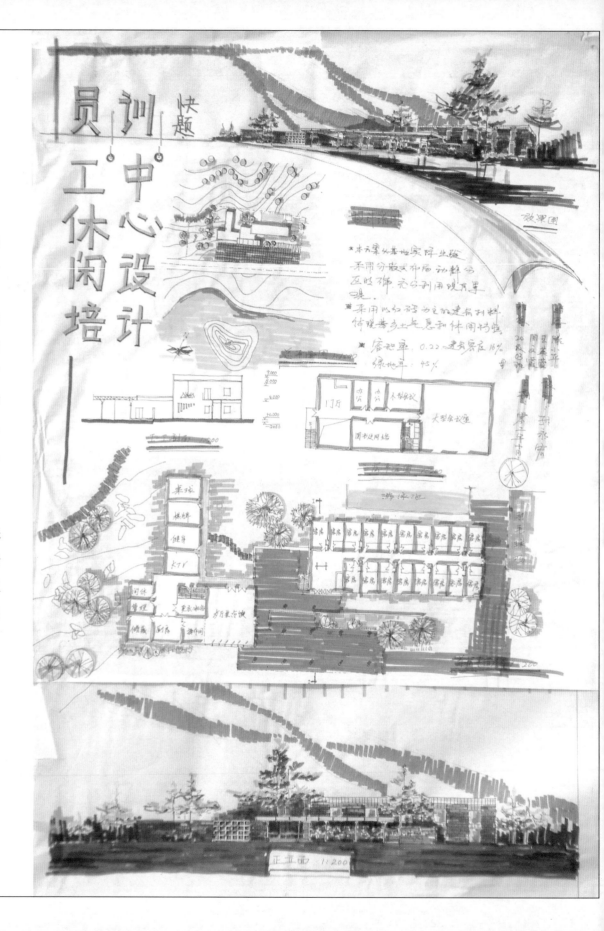

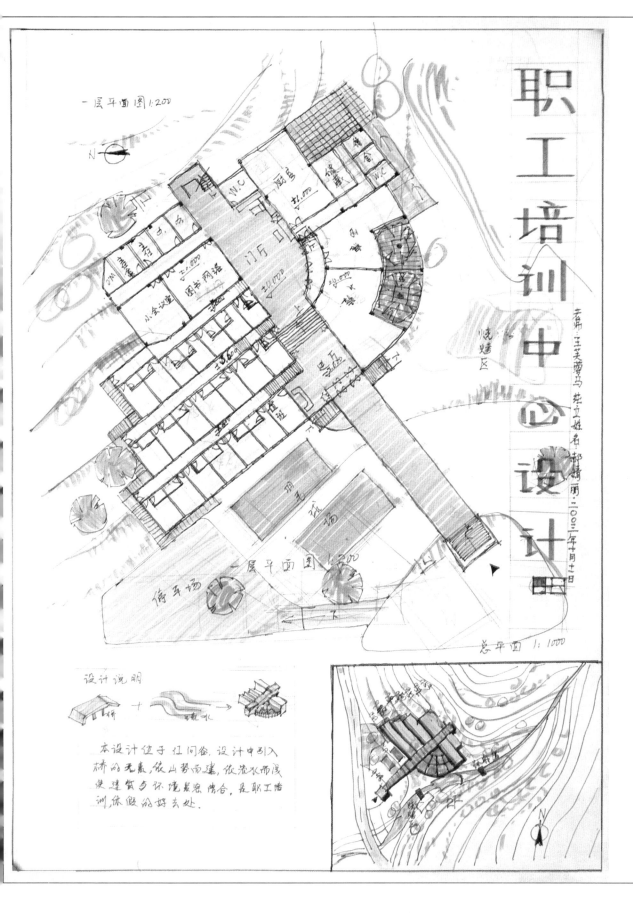

作品点评

　　方案设计存在问题：交通面积偏大；入口处室外场地缺乏设计，布置过于随意；在平面图中没有体现出山地建筑的特点；建筑平面和形体之间缺乏联系；内部空间组织平淡。表现有些潦草，楼梯、门窗表达不规范。

7.2 典型图例

作品点评

这是特殊地形上的小住宅设计，地势狭长，高差变化大，利用线性交通组织容易做出适应性的变化，营造出灵活丰富的空间。看似简单的长条形空间，其实结合环境可以有无限的发展可能。例如右图方案中各房间的错落、左图方案中平面的旋转，都是顺应地形的做法。

但这样处理空间，交通面积偏大，各部分功能之间、建筑内外联系不便，故这种设计方法对于规模较小、功能简单的建筑（如小住宅、画廊、小型展销厅等）来说比较适用。

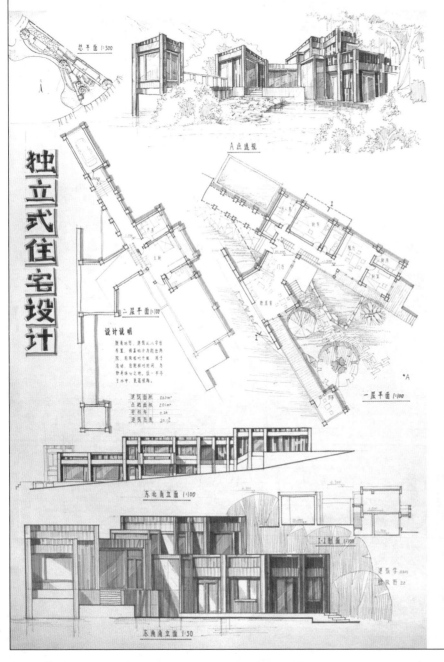

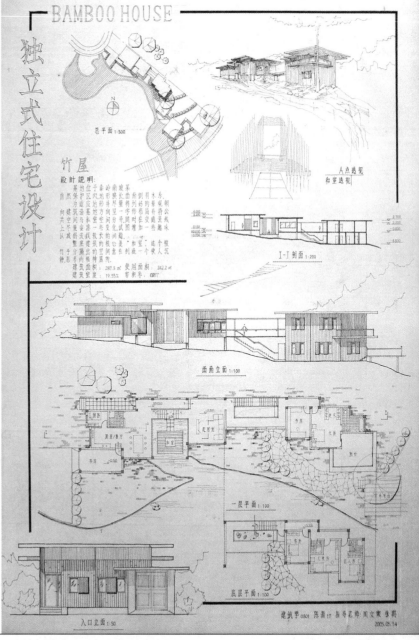

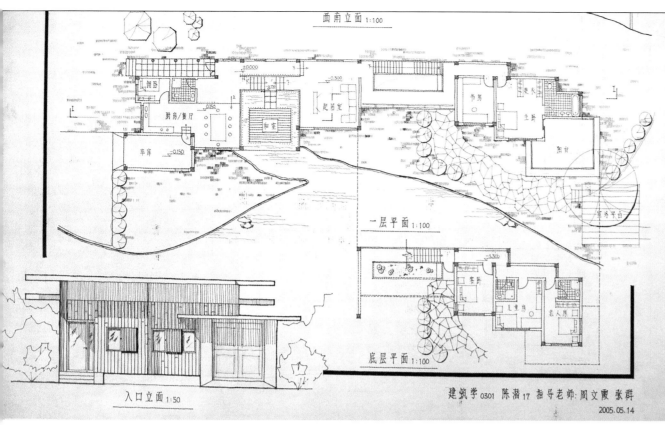

将图面局部放大，可以看出两种表现手段的差异。上图通过钢笔线条来表达平、立面，风格清新细腻，但囿于线型缺乏变化，图面略显单薄。

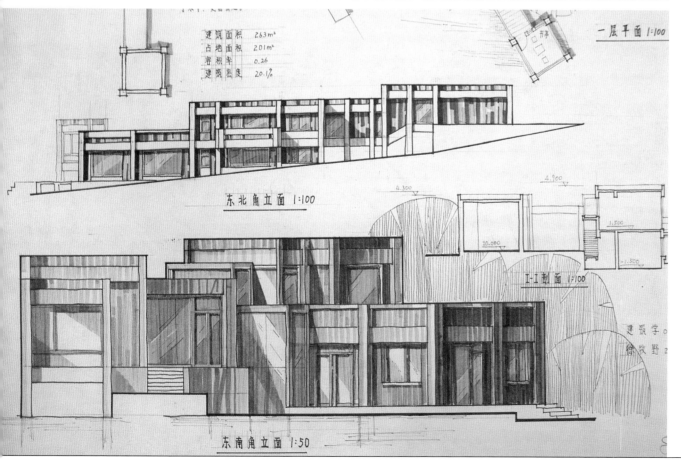

下图通过马克笔塑造形体，表现质感，厚重坚实，体块感强。同时配以立面图结合，恰到好处，通过配景烘托建筑，使建筑形象鲜明。

作品点评

　　这两套作品在工具上都选择了水彩，但设计思路、构图方式、表现手法不同，展现在我们面前的是两份各有风格的图纸。

　　就方案而言，上图的建筑方案将功能集中布置，平面经济、紧凑；相比之下，下图方案的平面则是条形方案的变化，巧妙的是将起居室旋转，对环境的利用更加充分。

　　上图在表现时以水彩为主，立面与效果图也主要通过水彩铺色来区分体块，深棕色色带将图面上倾斜的内容联系起来。下图则以墨线为主，局部辅以单色水彩，但是为了构图的效果将二层平面和剖面旋转90度布置，不利于读图。

　　两份作品对总平面图的表现深度均不足，没有充分反映出建筑与环境的关系。

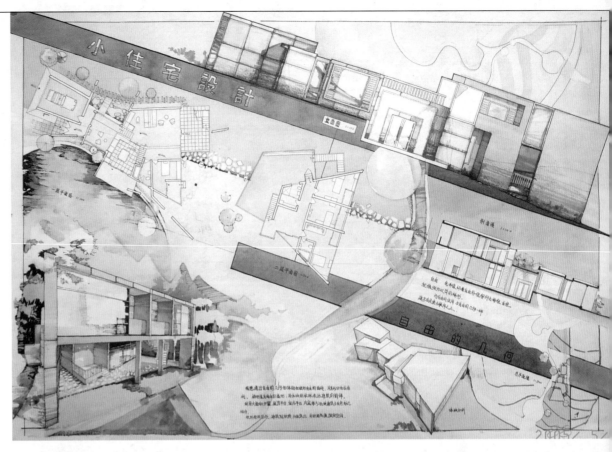

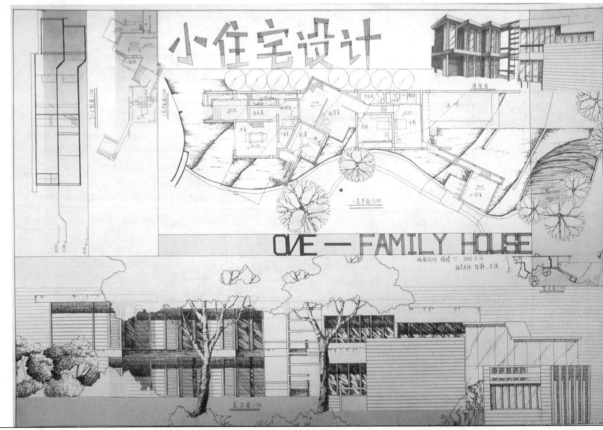

精彩的平立面表现，设计深度恰当。但上图利用墨线铺排块面，表现形体关系，在快速设计中较占用时间，尝试这种技法需要纯熟的钢笔技巧。

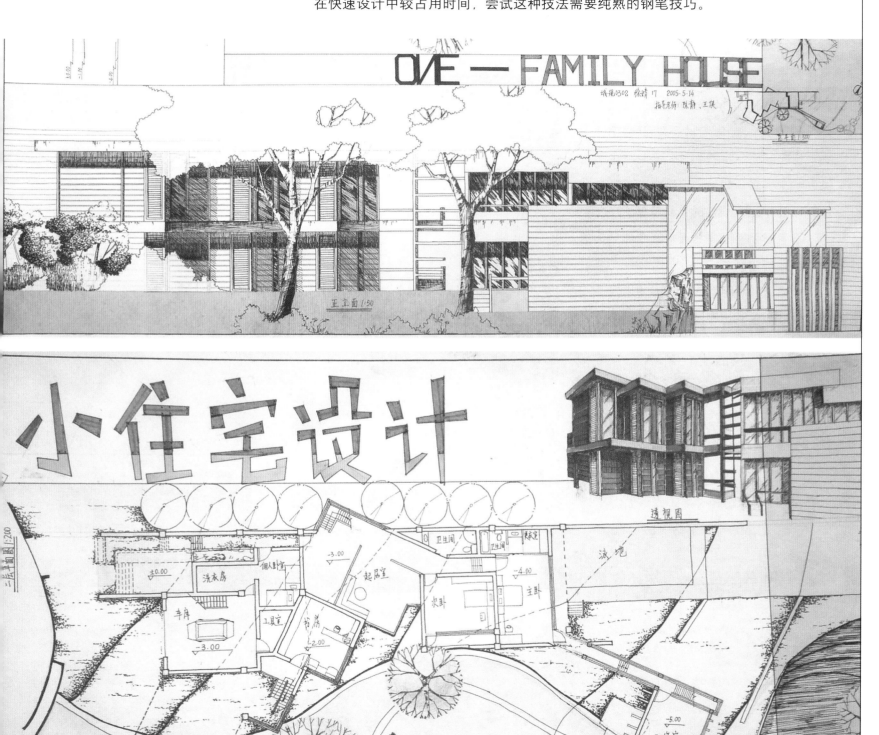

作品点评

　　完全以水彩表现为主，色彩统一，光感很强，材质的表现也很精彩，充分发挥了水彩的神韵。

　　作者没有过多地雕琢配景，而是利用水彩本身的变化增加了图面的趣味性，使整套作品意韵别致，同时减少了绘制的工作量。如果使用熟练，水彩在快速设计中也有一定的使用价值。

　　十字形平面形体舒展，功能适用性强，交通组织紧凑。

　　但是通过总平面图反映出作者对总图的设计深度认识不足，因而在图纸上的表现有些欠缺。同时，在二层平面中不应当绘制配景。

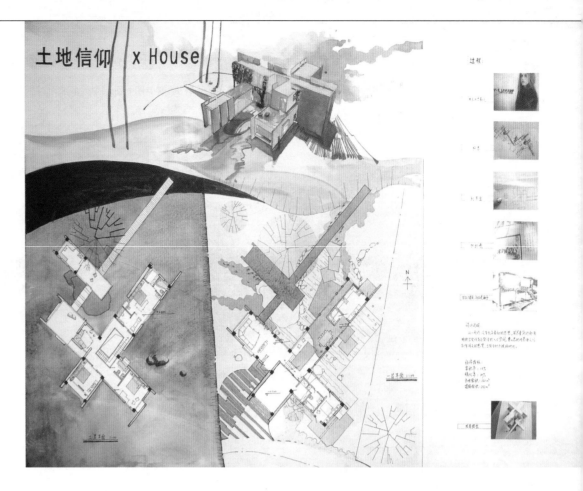

土地信仰　x House

土地信仰　x House

作品点评

这套图纸质量较高,能看出来作者下了很大的工夫。

美中不足之处是图纸上方利用牛皮纸变换材料形成的曲线,这样做缺乏设计依据,显得牵强,色彩上也不和谐,作为平时练习中的尝试未尝不可,但在考试中不值得推荐。

一层平面的表达很到位,但是房间名称应当直接用汉字标注在房间内,不宜使用数字索引。

室外空间显得零碎,圆形起居室与弧墙的夹缝,容易形成空间上的"死角"。

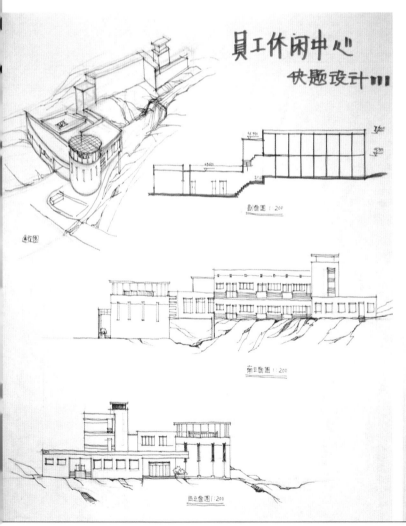

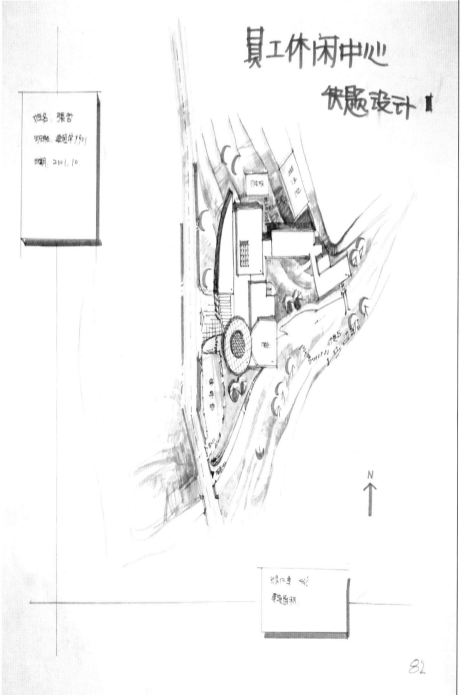

作品点评

　　水溶性彩色铅笔的表现，两张图配景都过于强烈，喧宾夺主，图纸内容主次不清。建议应试者在考试时，合理分配时间，避免将配景作为表达重点。

　　上图方案造型有一定特点，但对图纸应表达的内容把握不足：二层平面无需反映周边环境；所附的庭院透视对表达建筑没有帮助。

　　下图与上图恰恰相反，一层平面没有表达周边环境。本图单就立面、透视表现来说都很精彩，但应当注意的是，设计者表达设计构思的是"图纸"，而不是"图画"。

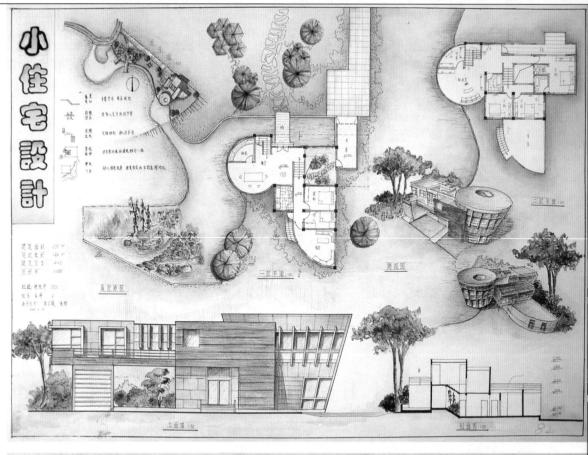

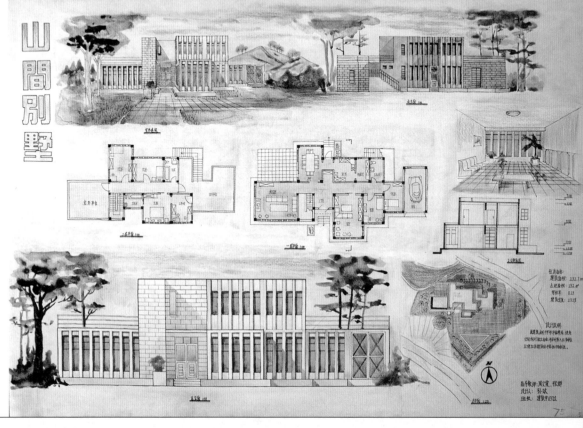

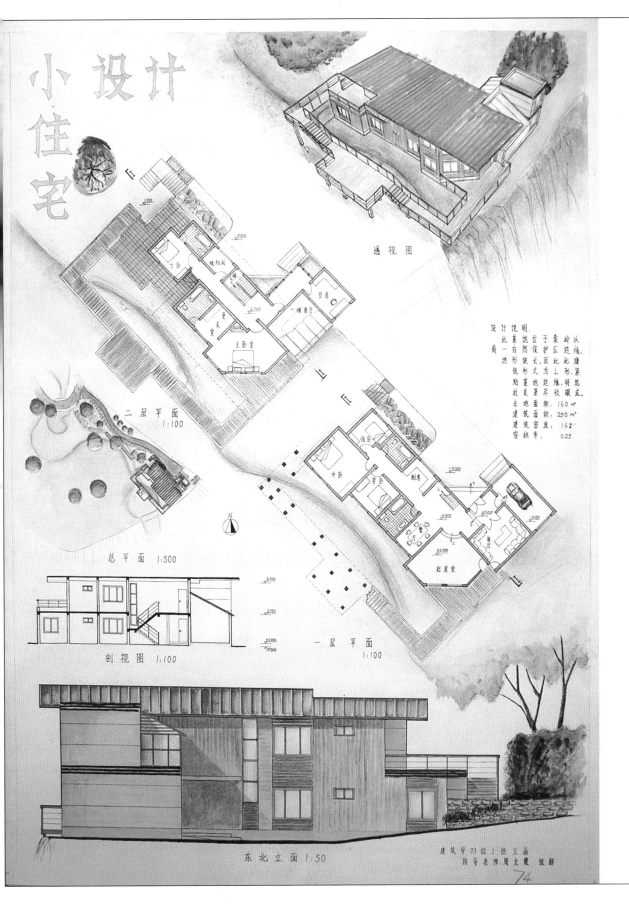

小 设 计

住 宅

透视图

设计说明:
此基地位于重庆岭从
有一自然坡护区远绕。
地形以长,因此比此建
筑别为L形地缘,特是
临近基坡尺状暖底。
占地面积: 160㎡
建筑面积: 250㎡
建筑密度: 16%
容积率: 0.25

二层平面
1:100

总平面 1:500

一层平面
1:100

剖视图 1:100

东北立面 1:50

建筑学03级1班王晶
指导老师:周文霞 张群

74

作品点评

　　对于平淡无奇的方案,可以通过构图的巧妙处理,改善最终的表达效果。

　　但是这张作品工具使用配置不当,致使整张图面色彩不统一,即使色彩清淡,也难以表达出和谐的效果。

　　图面表达有误:通常,二层平面图只需要表现一层屋顶和能看到的构件,不需要表示一层室外环境;剖切符只需在底层平面中出现;剖面图中应当明确表示出地面线以及室内外高差。

作品点评

　　这套方案选择了典型的十字形平面布置手法，功能分区合理，空间组织有序，交通组织简洁流畅。

　　十字形平面常被戏称为"万能平面"，因为这种平面形式适用性强，可以在此基础上发展出多种变化，例如T形、L形平面，稍加丰富还可以变化为曲线形和折线形平面，从而适应多种地形和功能需要。

　　该方案建筑形象饱满，造型统一中富于变化。图面表现手法挥洒娴熟，充分发挥出了马克笔的特点。色彩稳中求变，两张图纸构图手法一致，整体感强。

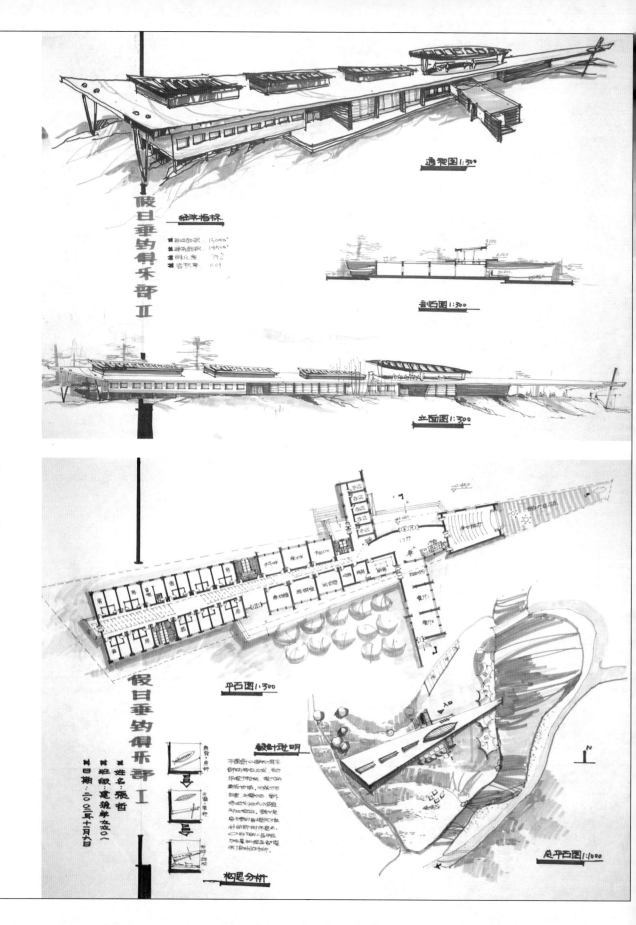

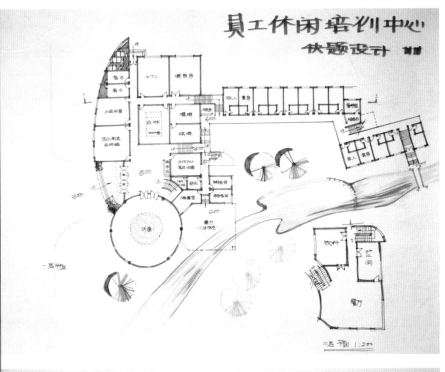

作品点评

  这是一套顺应复杂地形环境条件而设计的方案，平面形式实际也是由L形平面演化而来的，但主入口位置偏，致使交通流线曲折，造成使用中的相互干扰。

  立面处理很有章法，形体错落有致。

  应当注意的是，本方案位于山地，对于室内高差变化丰富的建筑，在平面图上标高变化处应当做出标记。

  剖面图有误，没有表示出室内外高差。

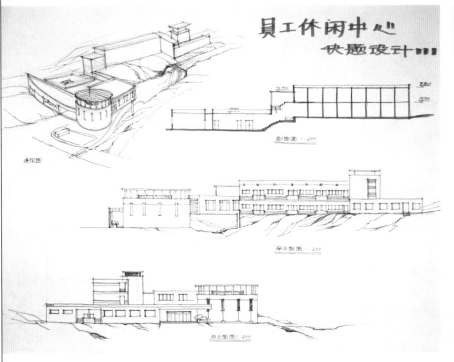

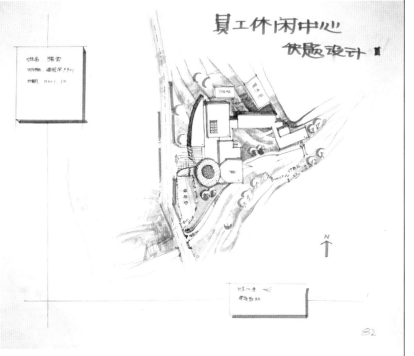

作品点评

　　结合环境只是建筑设计应当满足的一项内容，不能一味地对地形简单适应。在本方案中，有些房间平面甚至做出无谓的变形，缺少设计应有的组织和秩序，建筑感染力不强。文字方向不一致，各层平面图的指北针方向都不一样，为了布图影响清晰表达，难以使读图人立刻建立起空间形象。

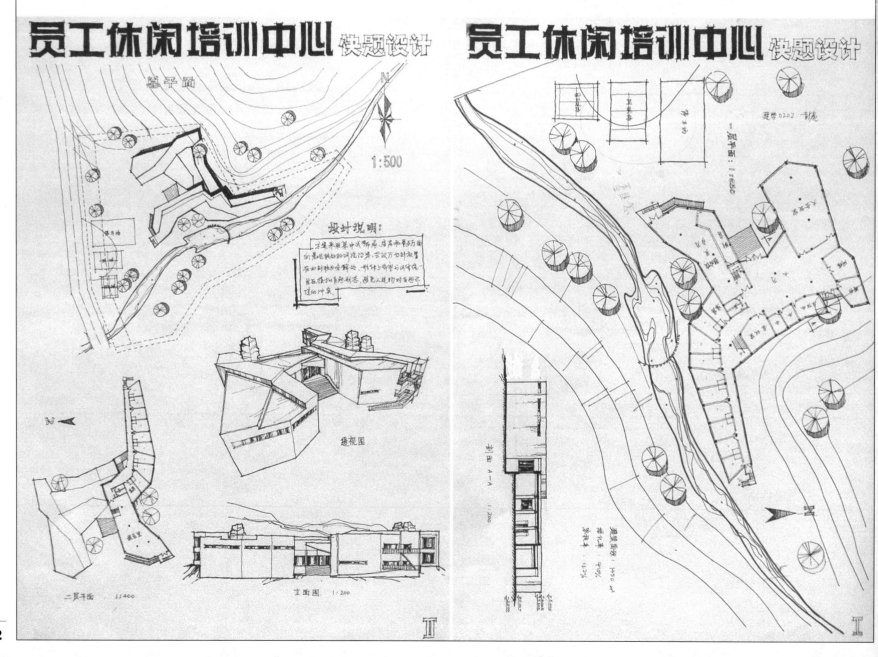

作品点评

设计手法干净利落，表现洗练。

立面利用投影原理直接由平面生成，平立面对位关系清楚，且绘图效率高。利用线型变化给简洁的图面带来魅力。

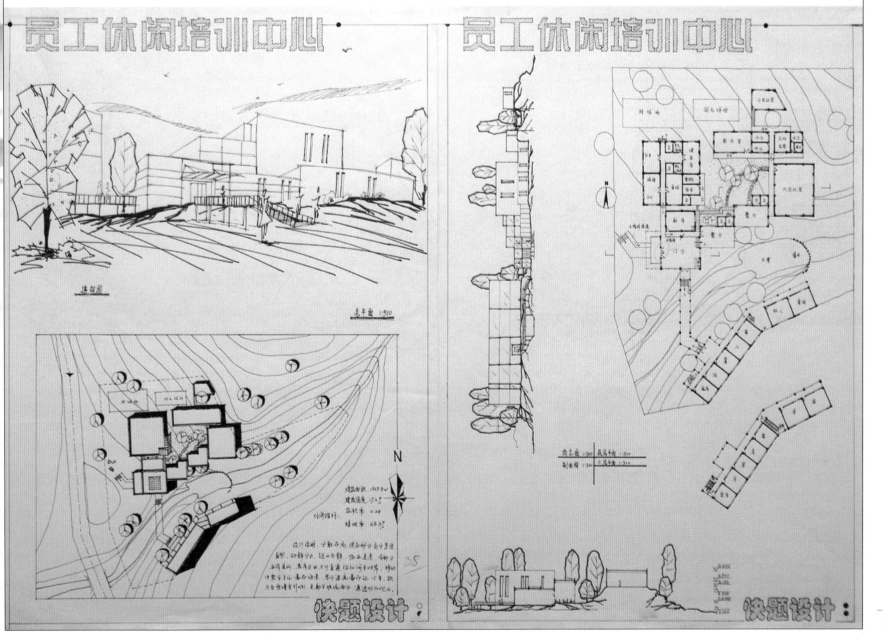

作品点评

　　这套图纸不全，虽然在内容上只有平、立面，但是处理手法娴熟，建筑语汇应用得体，图面清晰。

　　将平面进行旋转后，图面在整体中出现了变化，这是一种行之有效的构图手法。

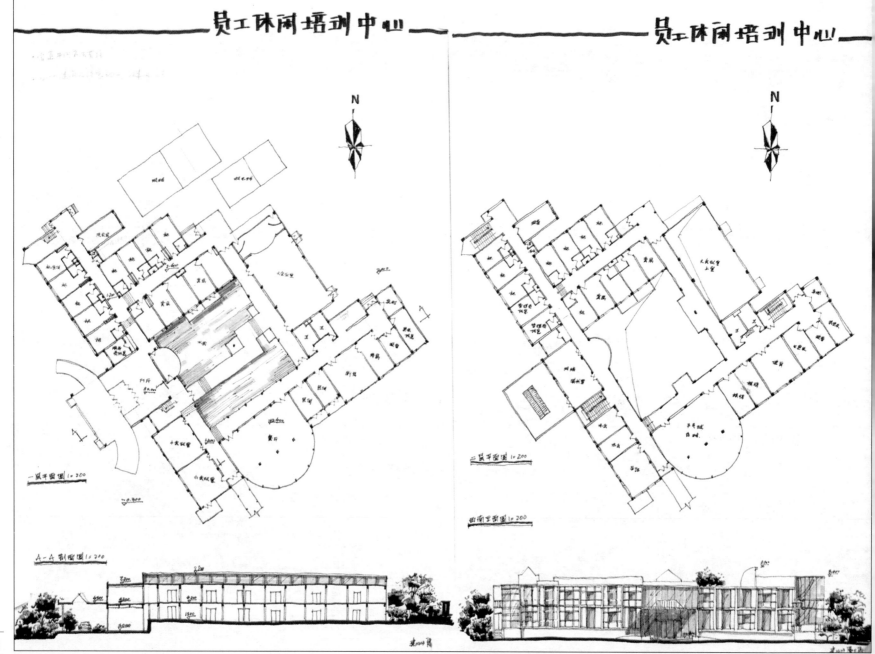

作品点评

　　这是一套很有特色的单色表现快速设计图纸，作者放弃了多数人选择的工具，除了娴熟的钢笔线条和少量彩铅，没有使用其他工具，但图面清新干净，风格独树一帜，洗练的手法使自己"脱颖而出"。

　　首先，这套作品单就墨线线条的表现力而言并不十分出色，但内容组织扎实、深入，表达深度均衡一致，整套图纸给人留下深刻印象，反而没有流于平淡。从中可以看出，奇巧的构图和表现技巧有时虽然可以弥补一些设计上的不足，但真正优秀的方案，完全可以通过平实的图面反映出作者良好的设计素养。

　　其次，设计深度恰到好处，虽然方案本身风格简洁、平和，没有花哨的建筑语汇，但设计内容完善。

　　再次，每张图纸内容主体明确，回避了将大量图块排版在一两张图上时的矛盾，将"复杂"的构图问题简化后，反而取得了很好的效果。这种方法，建议应试者在考试图幅数量不限，时间较宽松时不妨一试。

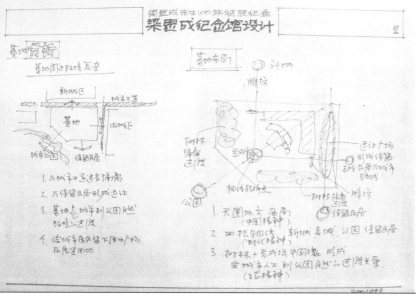

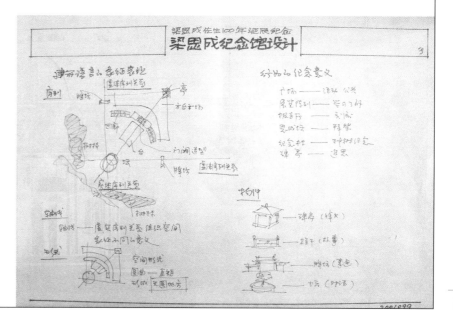

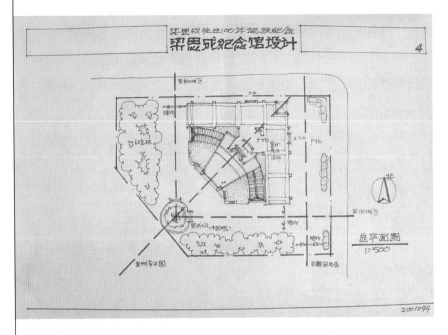

总平面图
1:500

2001099

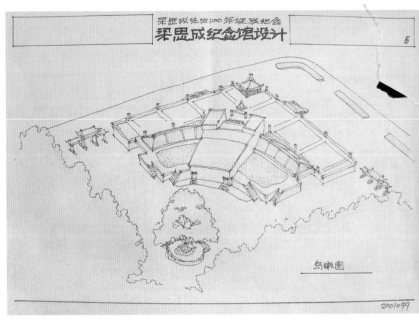

鸟瞰图

2001099

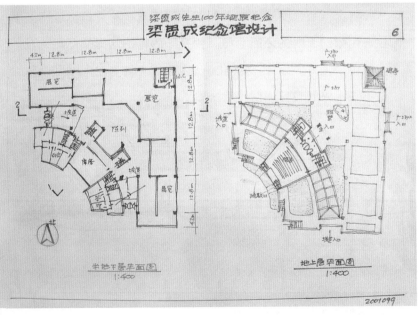

半地下层平面图
1:400

地上层平面图
1:400

2001099

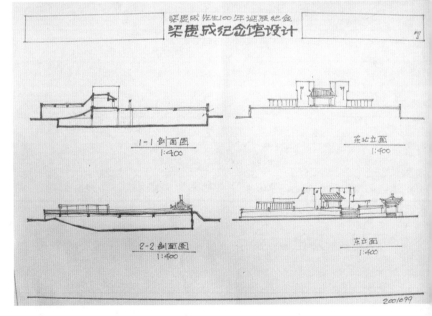

1-1剖面图
1:400

东北立面
1:400

2-2剖面图
1:400

东立面
1:400

2001099

作品点评

在方案处理和构图表现上没有过分的变化，图纸内容又显得比较充实饱满，灰色块使图面具有一定风格。这种手法很容易被掌握，简便易行。

线性交通组织简便易行，使功能得到较好满足。但不足之处是出入口位于端头，流线过长，并且造成相互干扰，使用不便。

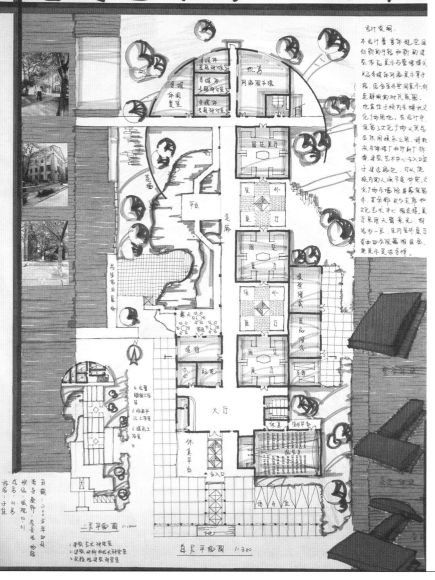

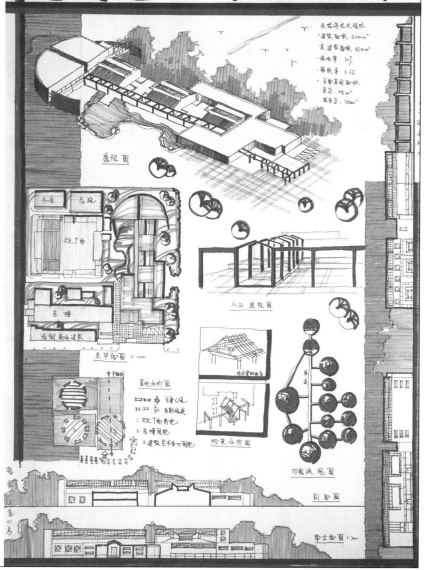

作品点评

　　本方案利用母题，簇成单元，组合建筑形体，从平面和立面中都能够反映出来。

　　这种手法适用于博物馆、展览馆、幼儿园等进深较大的公共建筑，运用成功与否在于"簇"之间的连接，以及"簇"自身的变化。

　　如果运用得当，在有限的考试时间内"组合"出一套方案，确实是一种"省力"的办法，但是如果处理不好上述问题，建筑形体容易显得生硬、笨拙。

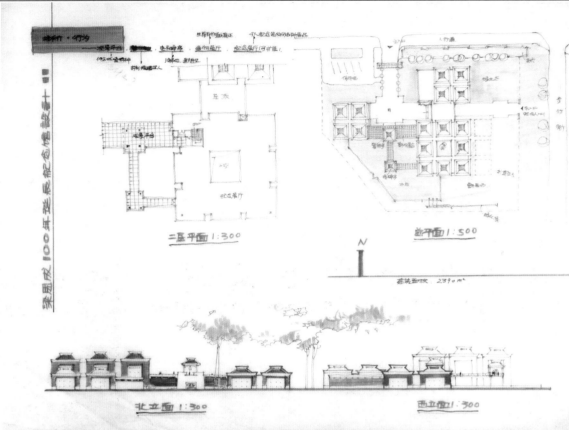

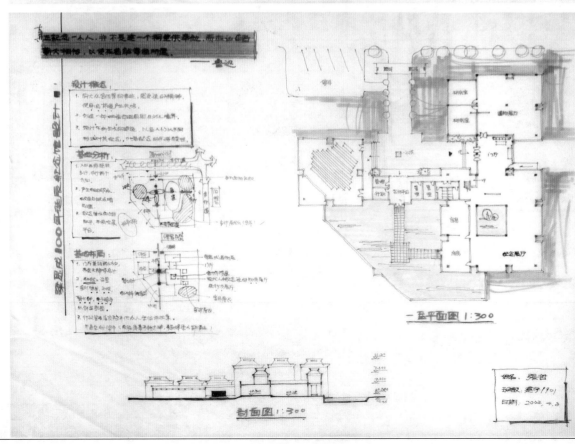

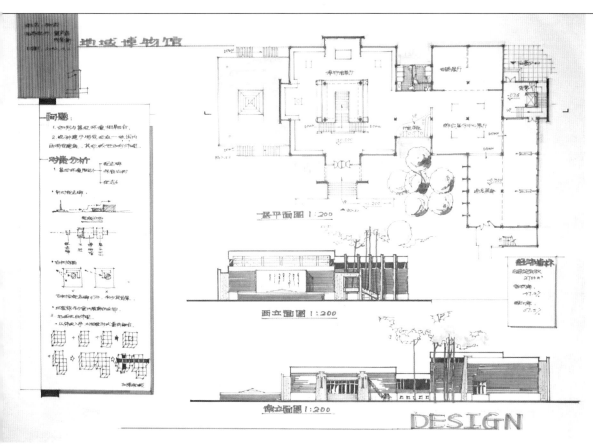

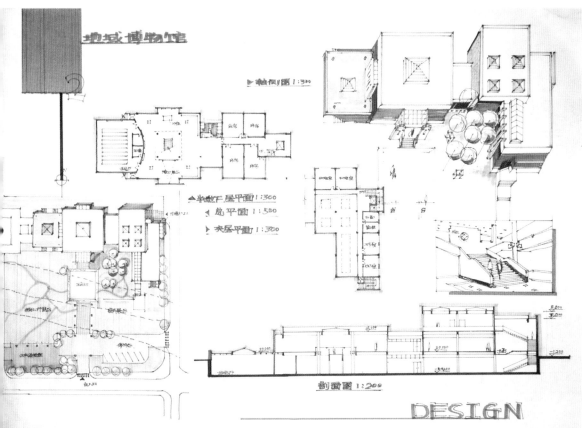

作品点评

本方案是以方形为母题组合成的 L 形平面，作者在分析说明中也对此予以了充分的阐述，这种设计手法灵活可变，具有一定的发展余地，建筑形体可以根据功能需要延长。需要注意的是 L 形转折处阴角的处理，要避免生硬的拼接，形成黑房间。

同时 L 形平面可以营造出丰富的外部空间，既可以围合也可以开放。

图纸构图手法一致，完整感强。色彩表现方面，在墙面上运用了比较饱和的铁锈红，使原本沉闷的图面生动起来。

作品点评

　　该方案通过院落来组织空间，这不失为一种"简便有效"的空间组织手法，室内外关系清晰，表现手法以钢笔为主，特色鲜明。

　　不足之处是平面变化多，各个功能单元之间缺乏内在组织，总平面稍显混乱；其次，平面上过于追求凹凸的细节变化，形成一些不便使用的琐碎空间，手法欠成熟；再次，整套图纸在构图和表现上不够统一。

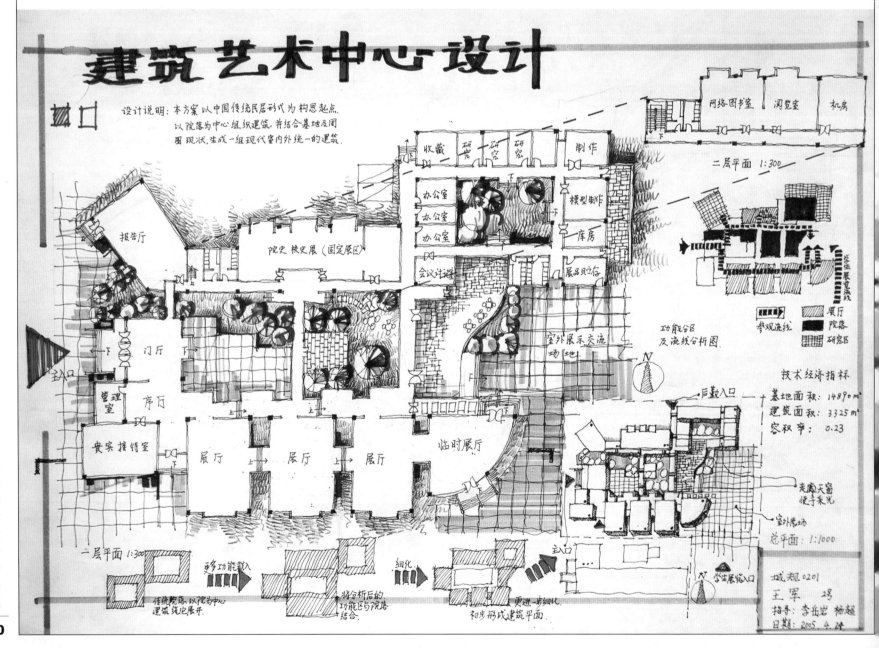

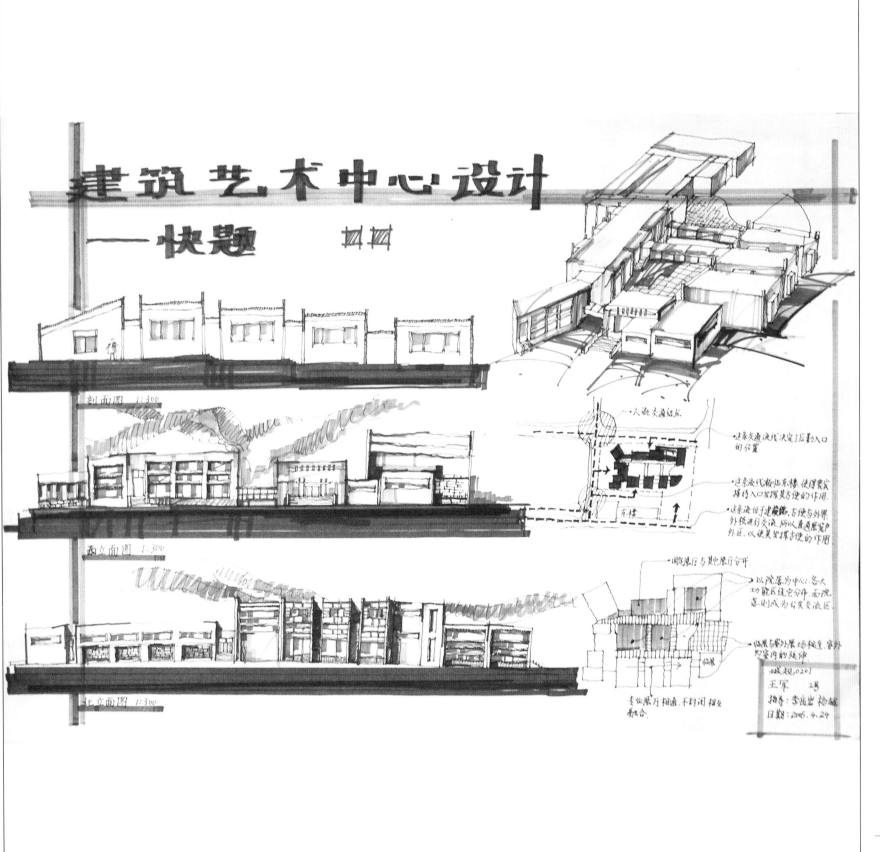

建筑艺术中心设计
——快题

剖面图 1:300

西立面图 1:300

北立面图 1:300

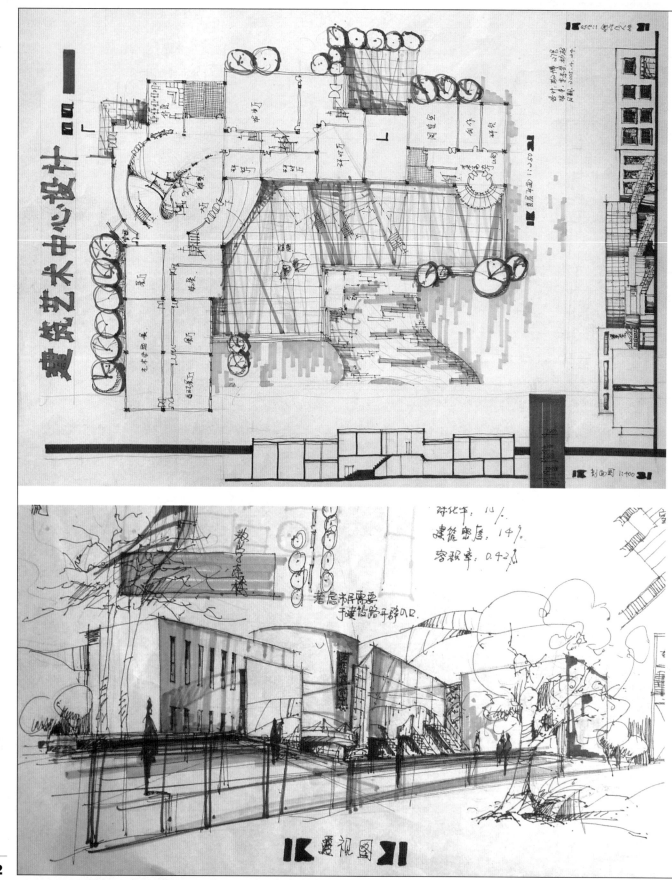

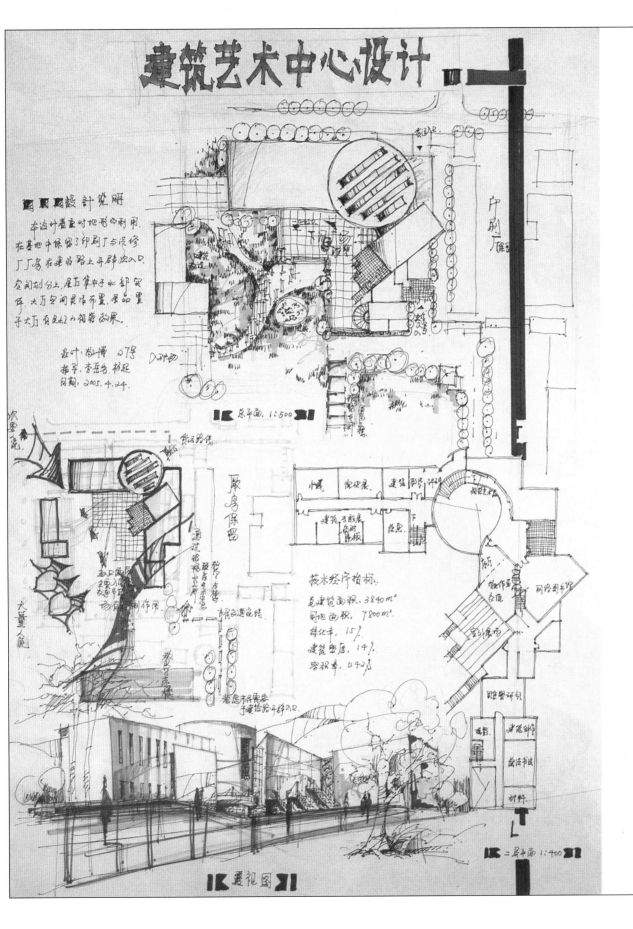

作品点评

方案将门厅布置在 L 形平面的转折处,交通组织效率高,各部分功能之间联系方便,这样处理公共建筑在功能上比较稳妥,形体上能出现多种变化,例如本方案在二层平面的局部处理。

墨线线条挥洒自如,色彩处理得当,但略欠工整。

总平面图建筑形体不突出,多利用线型变化突出建筑形体就好了。

剖面图没表示出室内外高差、剖切符位置不正确。

作品点评

　　图纸反映出作者对方案设计、图纸表现都把握得轻松自如，但图纸中缺少严谨的考量，在空间处理、交通组织及图面布置上显得有些随意。

　　平面布置为了迎合弧线的变化，导致许多房间功能得不到满足（如报告厅），交通面积也有些浪费。一、二层平面在图纸上混淆不清。

　　由此可见，在建筑设计中如果疏于计划、推敲不足，有时就会"失之毫厘，谬以千里"。

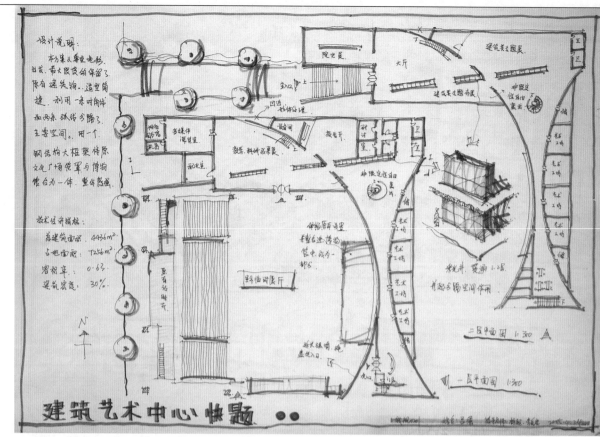

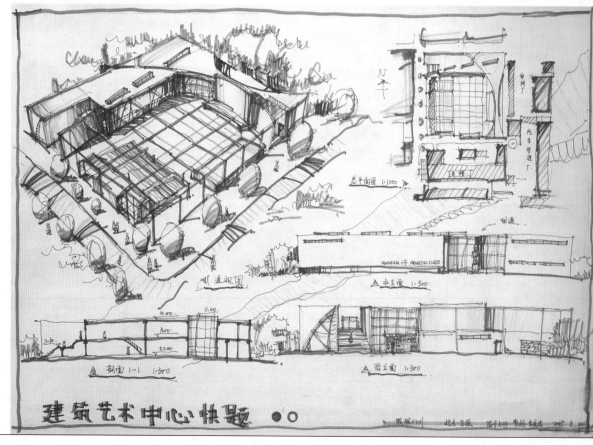

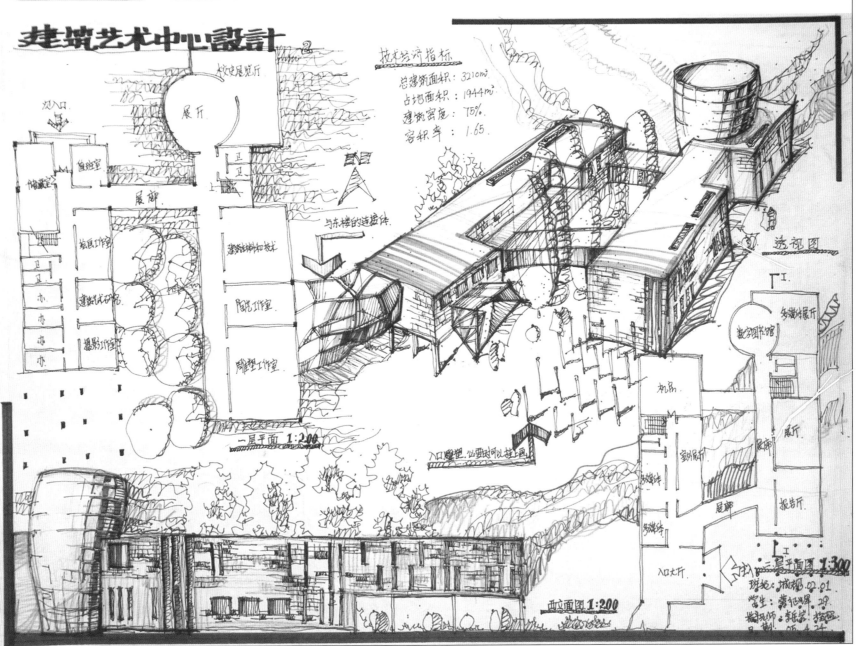

西立面图.1:200

建筑艺术中心设计

技术经济指标

总建筑面积：3210㎡
占地面积：1944㎡
建筑密度：75%
容积率：1.65.

校史展览厅

展厅

次入口

书籍藏室

展廊

砖瓦工作室

建筑试研究

摄影工作室

与东楼的连接体

陶瓷工作室

雕塑工作室

一层平面 1:200

入口避塑、必要时可以挂上画

透视图

多媒体展厅

数字图书馆

机房

展厅

密纵展厅

多媒体

报告厅

展廊

入口大厅

二层平面图 1:300

班级：城规.02.01
学生：

西立面图.1:200

KUAISUJIANZHUSHEJIYUBIAOXIAN

作品点评

　　这是一套很有风格的图纸，H形平面形式的选择得当，这样功能上较容易处理，考试时可以腾出时间深入推敲。设计表现潇洒不羁，但是稍显混乱，气氛有些喧闹，图底关系不够清晰，图面组织逻辑性稍欠。即使绘制了分析图，也难以使人清楚了解作者的意图。

　　平面图缺乏线型变化，室内外关系不明确。

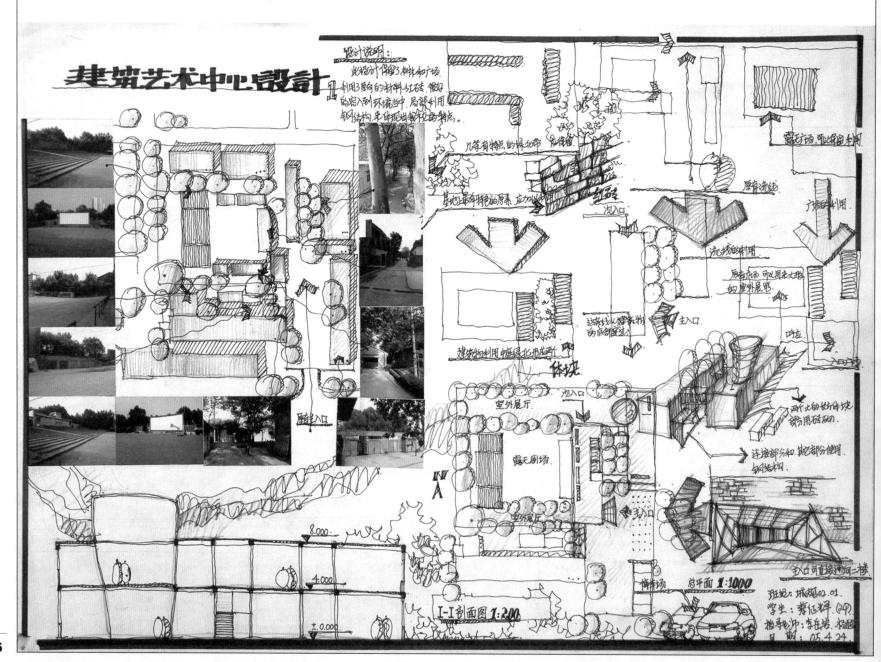

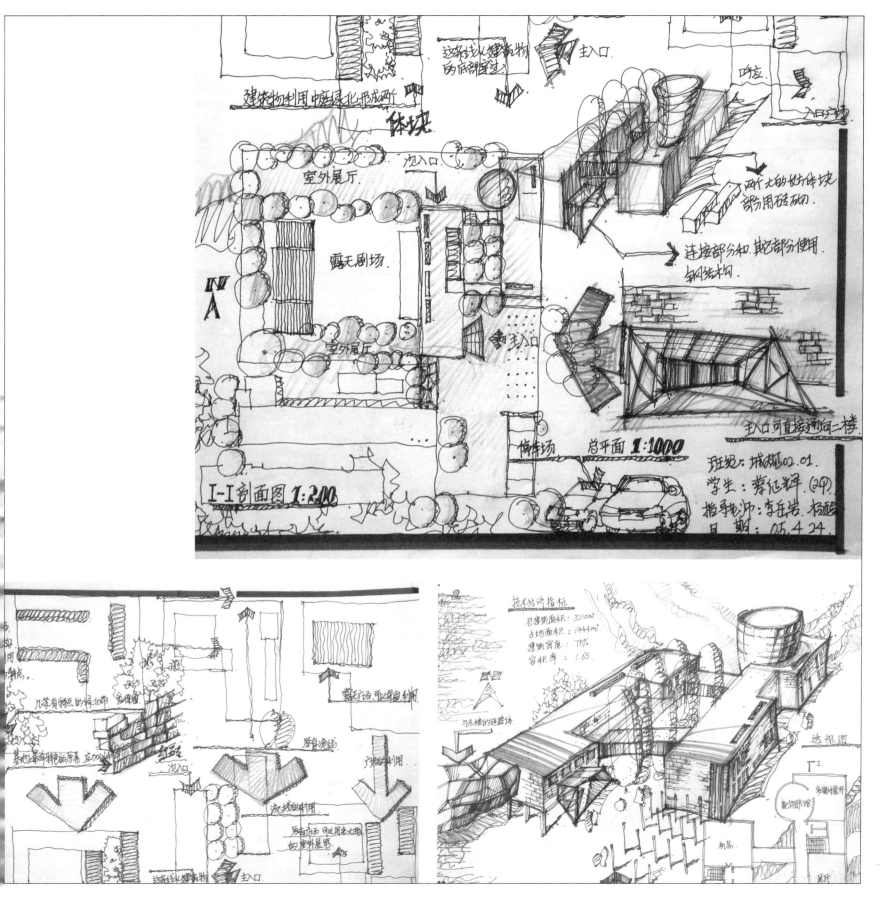

作品点评

    该方案设计深入，表现功底扎实，但显得不"巧"，因为在有限的时间内逐一完成这么多的工作量，未免显得有些紧张。在平时训练中，却不失为一份优秀范例。

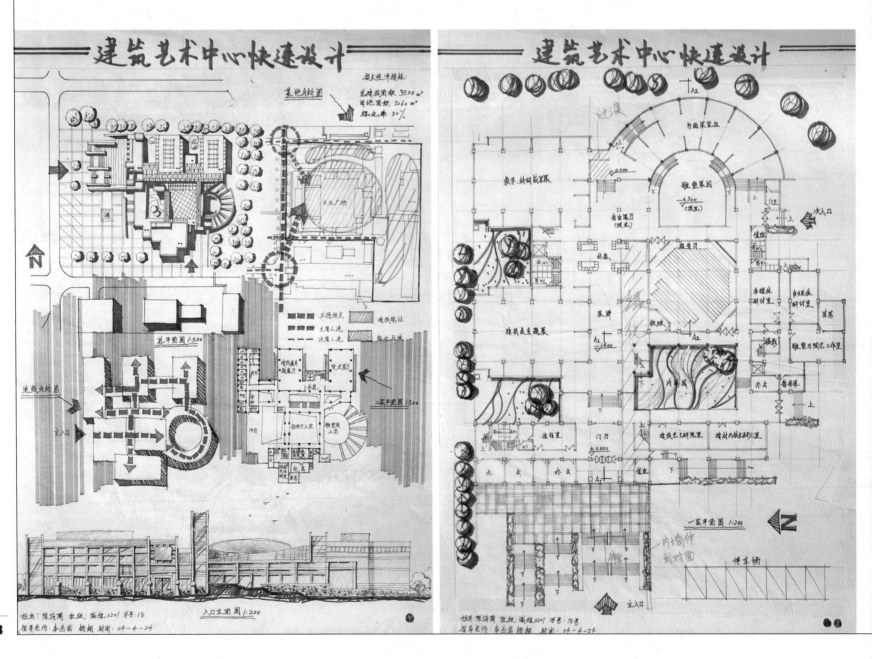

建筑艺术中心快速设计

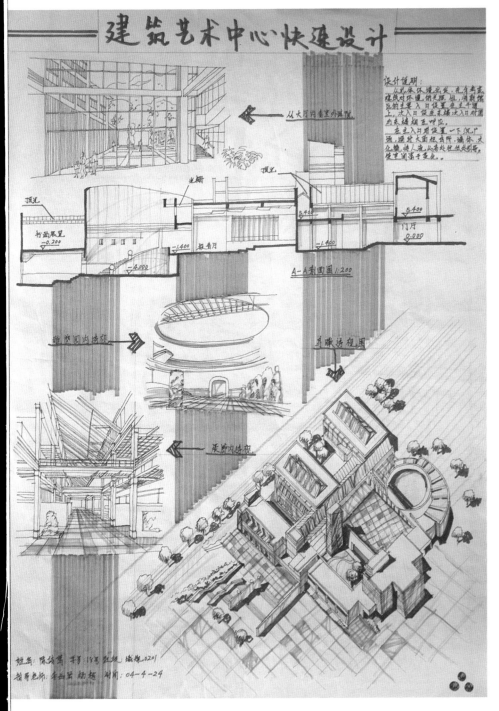

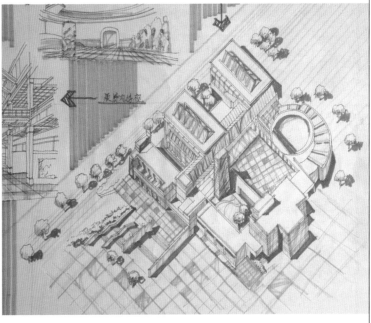

作品点评

表现手法独树一帜，但是有些过于"粗放"。这种手法导致细节缺失，使一些已经做了的设计工作没能在图纸上完全展现出来。

应当注意的是，在进行建筑设计表现时，表达的重点永远是建筑本身，即我们常说的平、立、剖面图，而不是艳丽的色块与挥洒的线条。

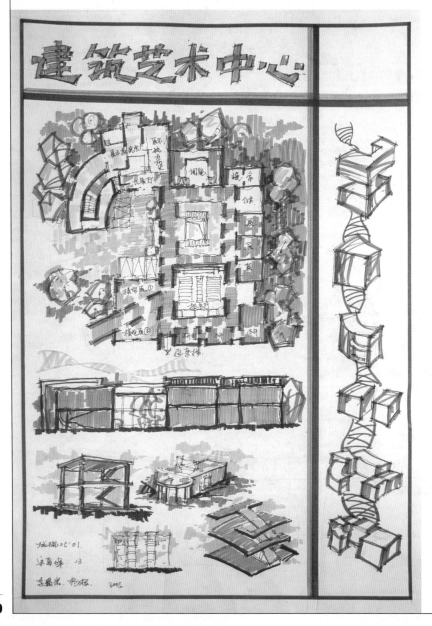

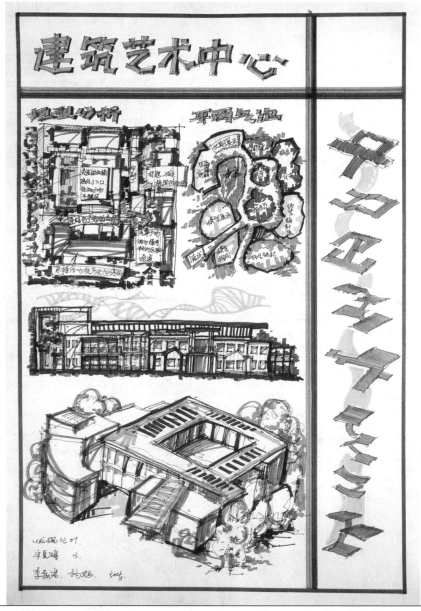

作品点评

图纸内容充实，构图饱满，但是建筑设计方案本身存在一些致命的问题。例如建筑平面缺乏组织，平面各部分内容连接生硬，功能混乱；交通组织没有章法，门厅形状过分狭长，不利于使用；对外部环境缺乏有效利用；建筑围合形成的外部空间也较零碎。

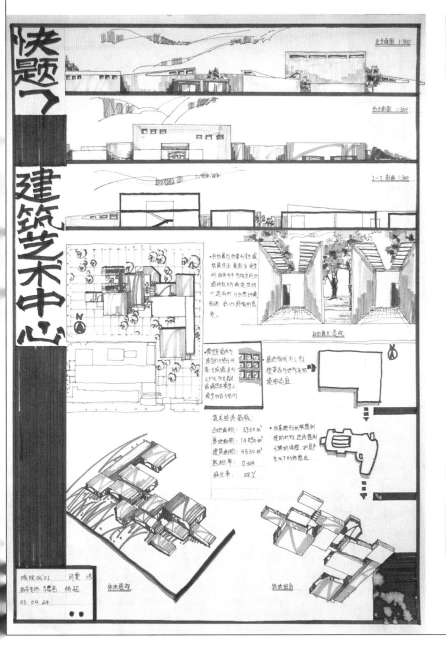

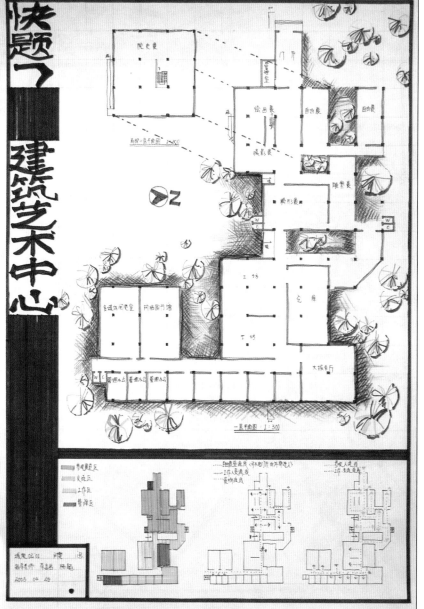

作品点评

　　绘图手法很有特色,钢笔线条的熟练运用为图面增色不少,图底关系清晰。

　　橙黄色带的运用将整张图纸统一起来。建筑语言平和,方案切实可行。思路清晰,没有提出"奇巧"设计构思,而是从现状着手,对条件加以分析,深入解决问题,从而使方案具有很强的说服力。

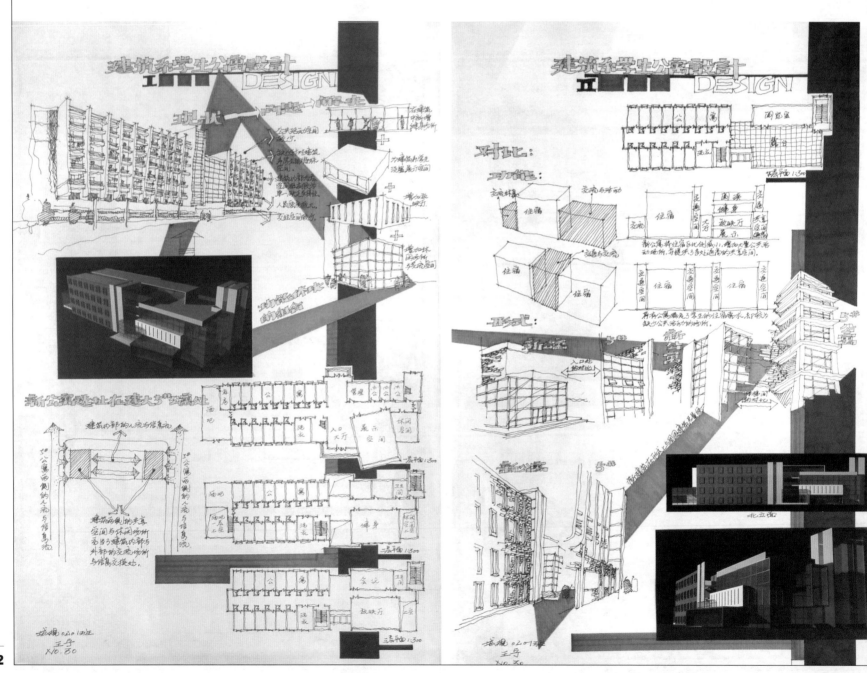

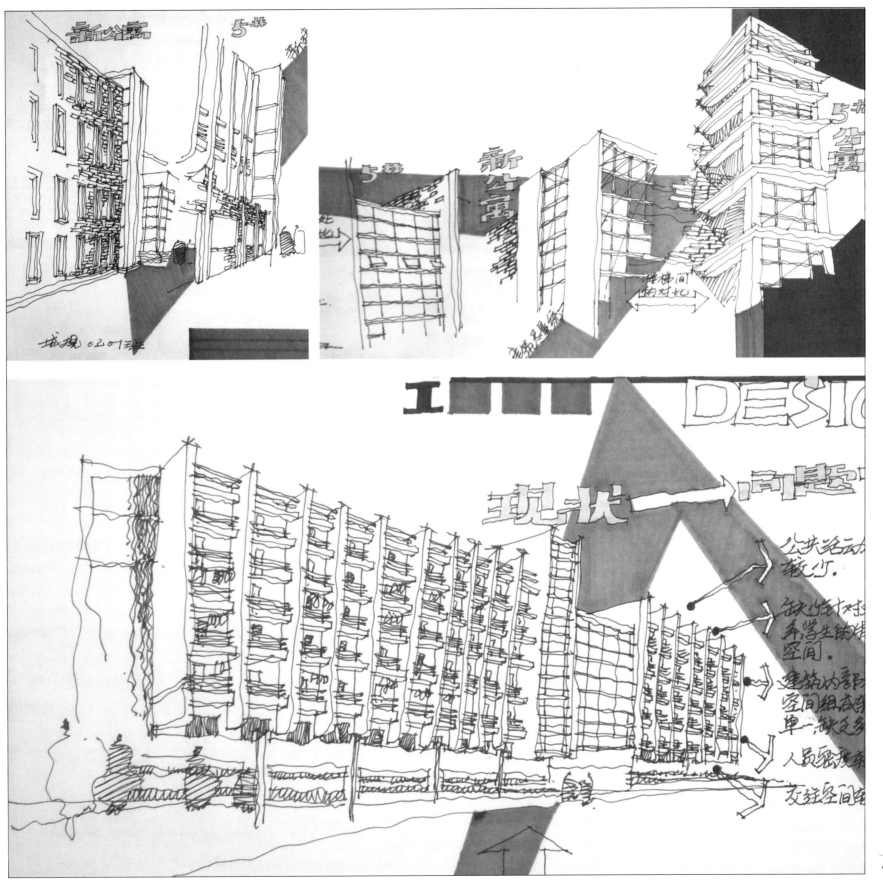

作品点评

　　方案运用母题法组织建筑空间，对于公寓而言，会造成部分房间采光通风条件的缺失。立面造型设计深入，表现精彩。

　　图面用色大胆，层次分明，墨线结合马克笔、彩色铅笔的特点，表现手法老到，取得了理想的效果。

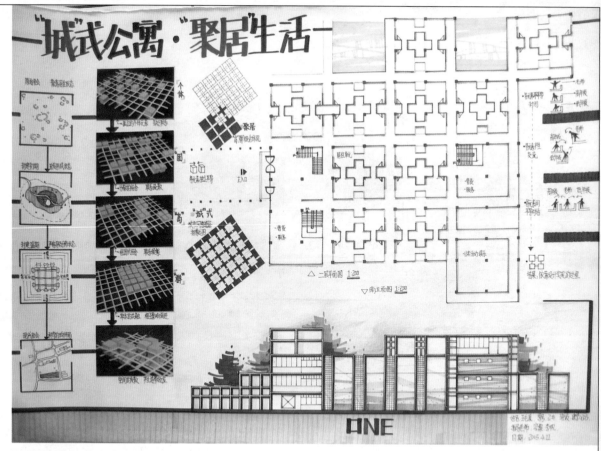

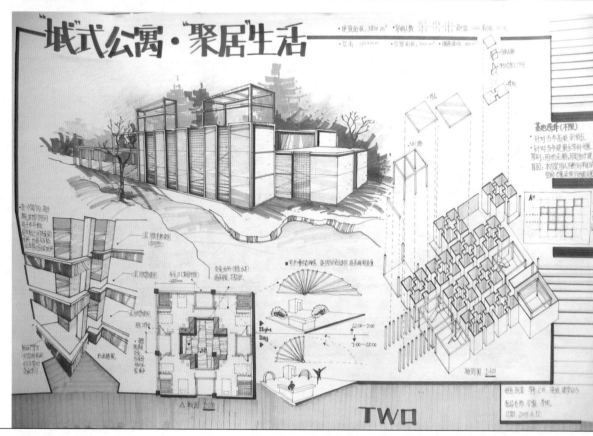

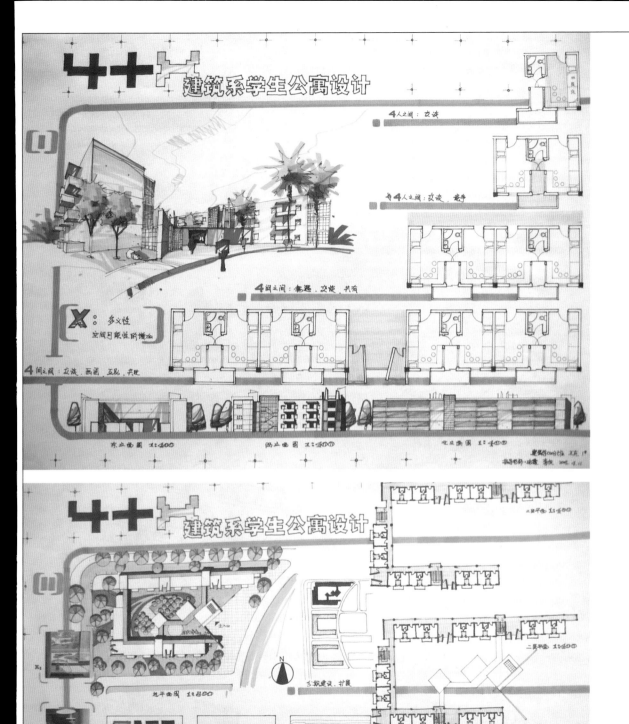

作品点评

图面效果好，表现有章法。

廊式空间组织方式更适合公寓的功能要求，可以轻松解决采光、通风等技术问题。

作品点评

　　这是一套典型的铅笔线条快速表现方案，线条清晰肯定，线条之间粗细、轻重、疏密关系控制有序，方案也很沉稳。

　　关于铅笔表现的优劣前文已经叙述过，需要设计者自己选择分辨。

　　另外，作者使用一整张图纸专做分析说明，建议在考试时合理分配图纸内容的份量。

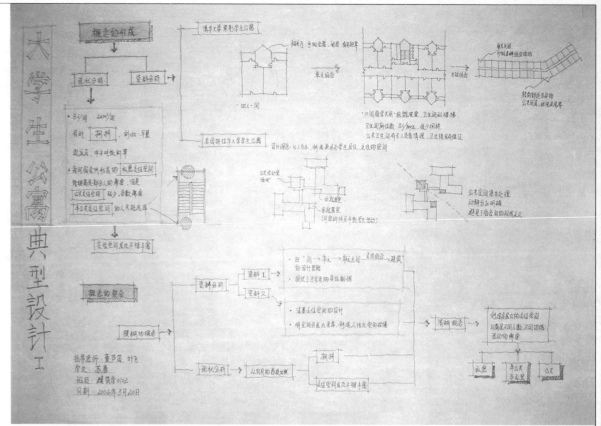

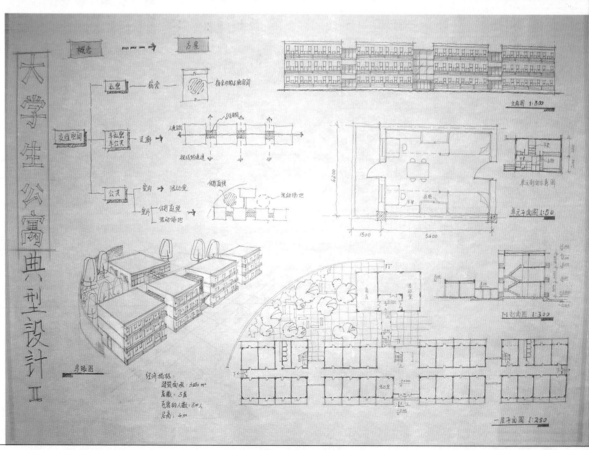

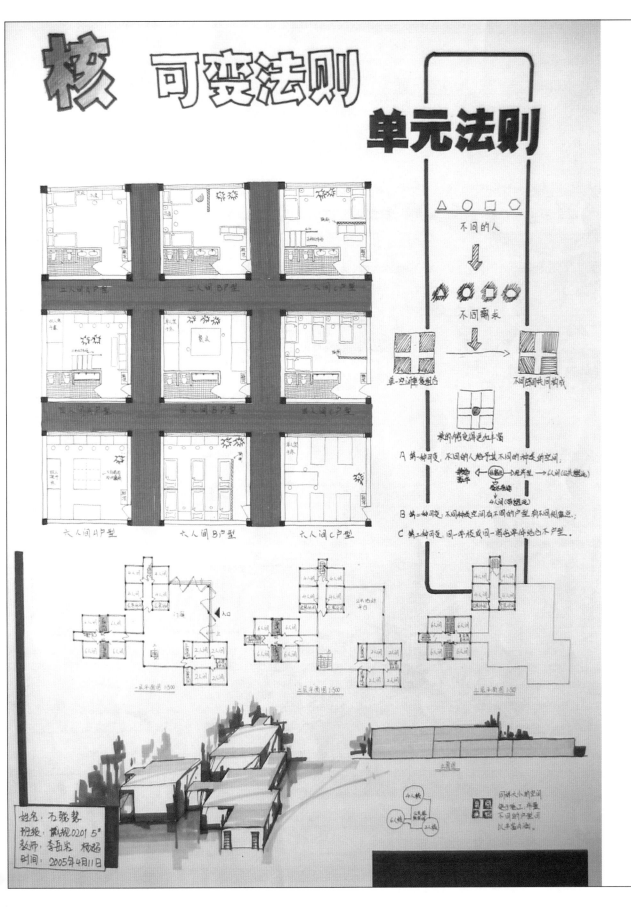

图纸上红色的"井"字并非是表现的重点,却在色彩上加以强化,在图面上将与设计不相干的内容处理成视觉中心,这种做法不够妥当。立面图深度不足。

同时方案由于过分追求作者所强调的"可变法则",导致建筑平面出现功能性的问题,面积分配不够经济合理。

值得肯定的是,作者明确提出方案构思,大胆表达自己的设计理念,在考试中这样做很容易露出锋芒,让阅卷人把握设计者的思路,但必须保证方案本身的质量,否则所谓的"构思"只会弄巧成拙。

作品点评

这两个方案与上一个相同，都强调设计概念。在考试中，应当注意概念的引入一定要慎重，以免看似"夺目"的理念在建筑中难以落实。

左图处理得当，色彩统一，线条优美；透视图的绘制

手法成熟，变形强烈，具有戏剧感，形成图面的视觉中心。

右图平面出现较多问题，图面表现也稍弱，构图不均衡。

两份方案剖面绘制不正确。

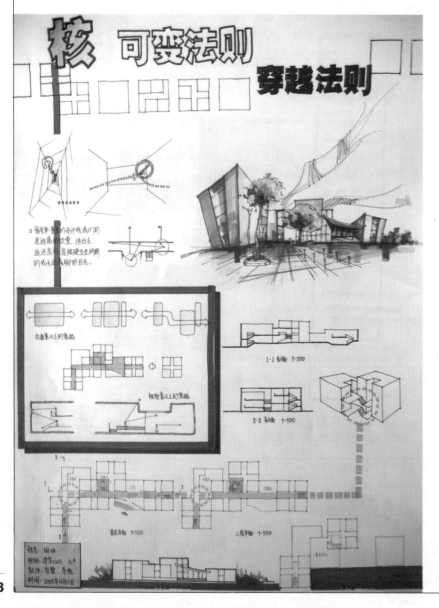

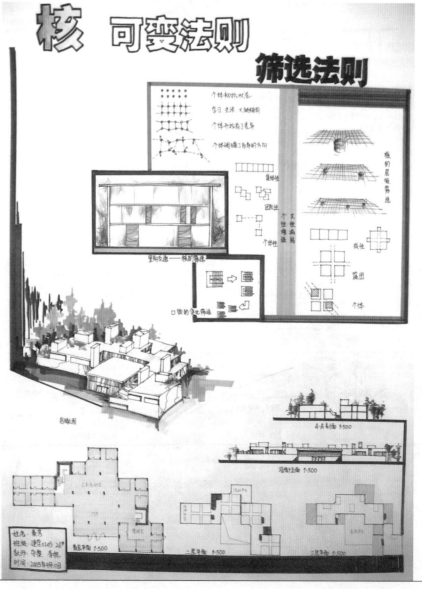

作品点评

在牛皮纸上绘图，需要强调的色彩，要相应提高纯度和饱和度。图名下部的箭头使用不规范，容易引起歧意。

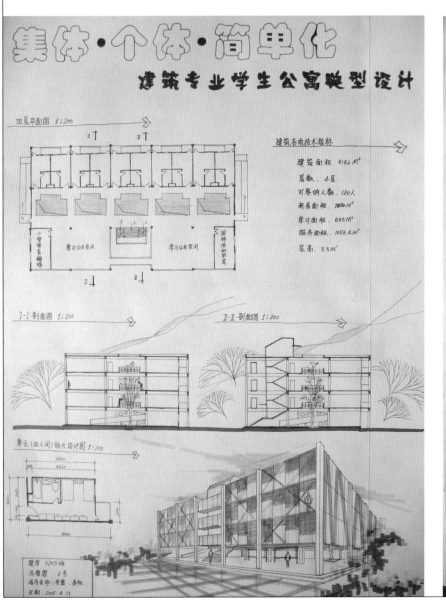

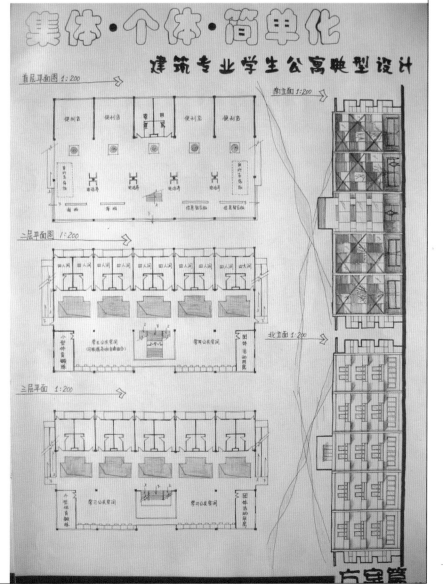

作品点评

　　这是一套优秀的方案。用色淡雅,利用红色标题文字活跃图面气氛。

　　利用"九宫格"构图,在局部加以旋转、破格等变化,图面显得轻松高效。值得推荐的是配镜的画法效果好,易操作。

　　但考试中一定要注意:说明性文字不要使用红色笔书写,因为阅卷人通常使用红笔批注卷面,容易造成混淆,影响成绩。

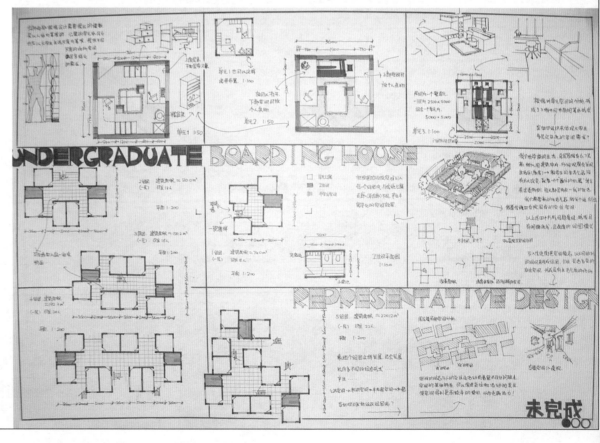

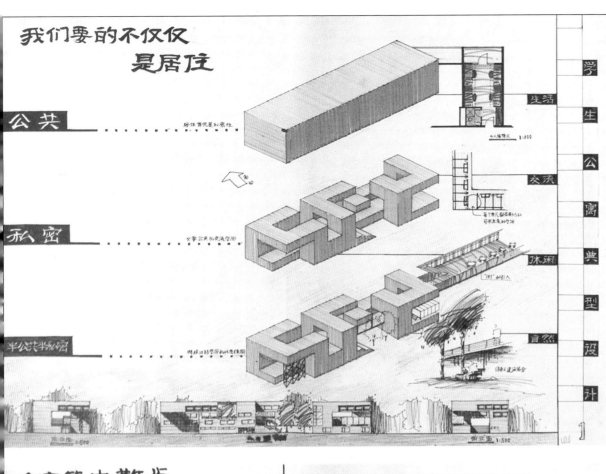

我们要的不仅仅是居住

公共

私密

半公共半私密

生活

交流

休闲

自然

作品点评

构图逻辑性强，图面易读，设计概念传达准确，构思的指向清晰明确，建筑造型错落有致，空间变化丰富，是一套优秀的设计作品。

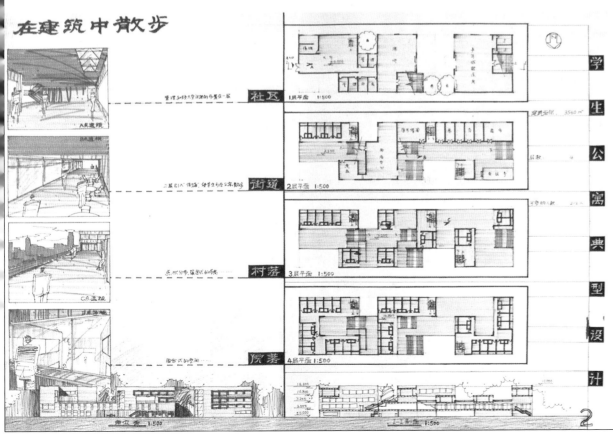

在建筑中散步

社区

街道

村落

院落

作品点评

虽然色彩素雅，但过于强烈和突出的构图，反而削弱了方案本身的表现力。建筑设计作品不是招贴画，图面还是应当强调易读性。

这张作品对图面的处理，容易让读图人在太多的视觉刺激面前感到不知所云。

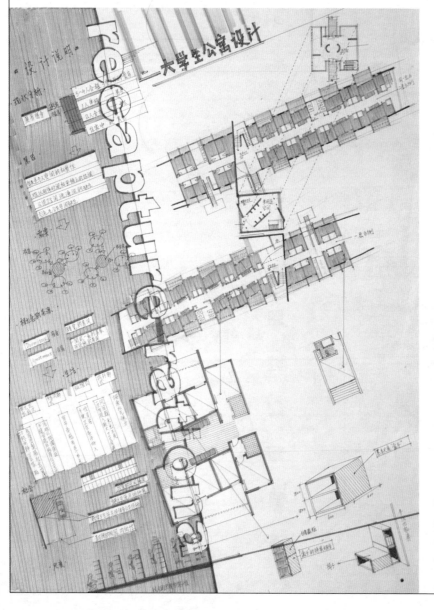

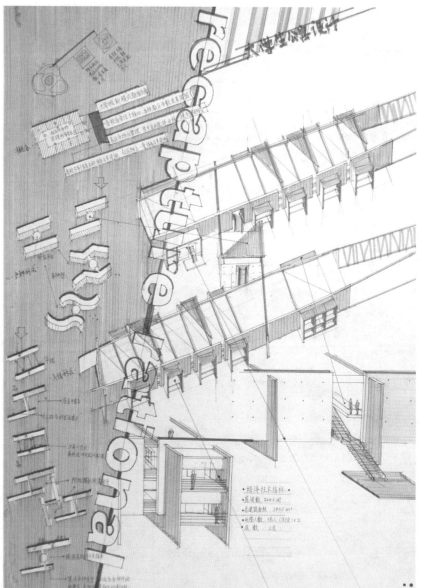

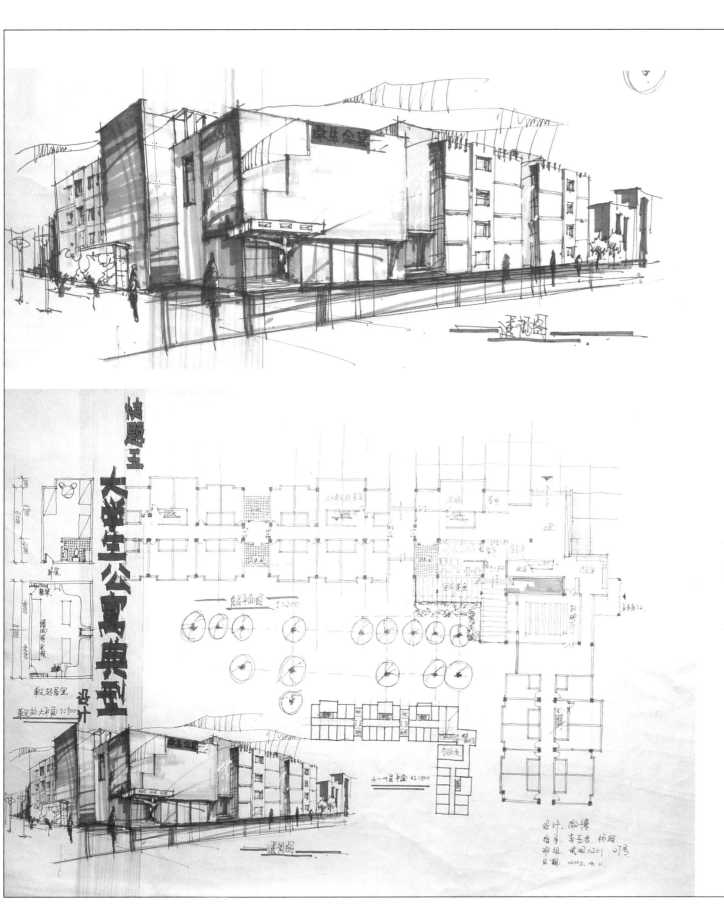

方案设计和图面表达都很出色。

透视图表现老练得体，塑造出了较强的体积感，材质表现准确，色彩运用有节制，明暗面交错画面硬朗，把握了快速设计的表现技巧。

这是 L 型平面的又一例，从平面图可以反映出，建筑功能与形式并重。

但是平面图尺寸标注不规范。

作品点评

图面组织清晰易读，构图手法统一，配色方案成熟。

红黑两色搭配，效果突出，很容易稳定发挥。

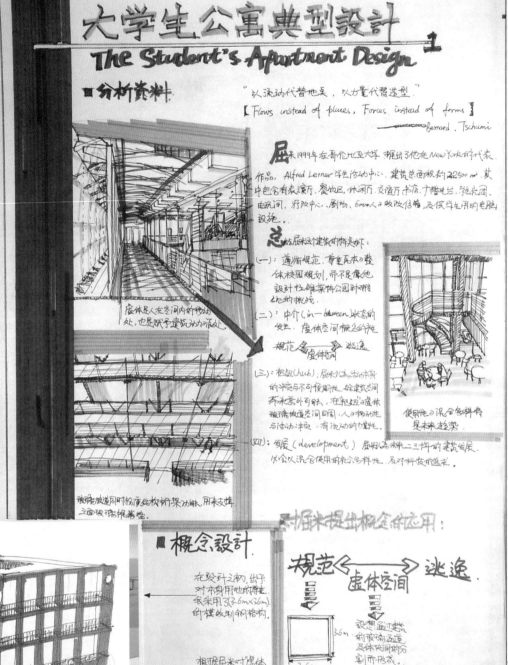

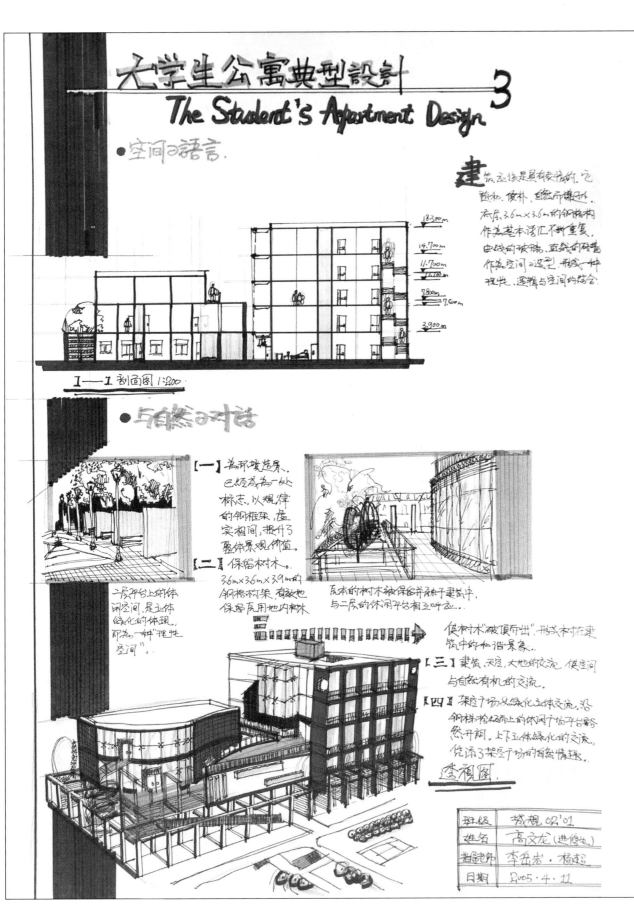

大学生公寓典型设计
The Student's Apartment Design 3

● 空间的语言.

建筑应该是具有表情的. 它
简和、使朴、纯然所谦利.
底层3.6m×3.6m的钢格构
作为基本语汇不断重复.
由线的玻璃、直线的砖墙
作为空间的造型. 形成一种
理性、逻辑与空间的结合.

18.300m
14.700m
11.700m
7.800m
7.500m
3.900m

I—1 剖面图 1:200

● 与自然的对话

【一】为环境造景.
巳经成为一处
标志, 以规律
的钢框架, 虚
实相间, 提升了
整体景观价值.

【二】保留树木.
3.6m×3.6m×3.9m的
钢格构树架, 有效地
保留及利用地内树林.

二层平台上的休
闲空间, 是立体
绿化的体现.
那为一种"理性
空间".

原本的树木被保留并置于建筑中,
与二层的休闲平台相互呼应.

使树木破顶而出, 形成木与建
筑中的和谐景象.

【三】建筑、天空、大地的交流. 使空间
与自然有机的交流.

【四】架空广场及绿化立体交流. 沿
钢柱抬高而上的休闲广场平台豁
然开阔. 上下立体绿化的交流.
传添了架空广场的自然情趣.

透视图.

班级	城规. 02'01
姓名	高文龙 (进修生)
指导老师	李岳岩·杨超
日期	2005.4.12

　　透视图视点的选择完整
地表现了建筑的造型特征,
但地面表现略显单薄。

　　分析全面, 但篇幅过
长, 份量偏重。剖面绘制不
够准确。

作品点评

匠心独具，明确提出"绿色建筑"的设计概念，并做了一些尝试性的努力，这种可贵的创新性在考试中可以使自己区别于其他作品。

在考试中，如果对概念没有十足的把握，应当慎用，以免得不偿失。一旦提出了这样的创意，就应在技术层面上做出相应的解释，才能避免概念流于空谈与形式，显得肤浅。

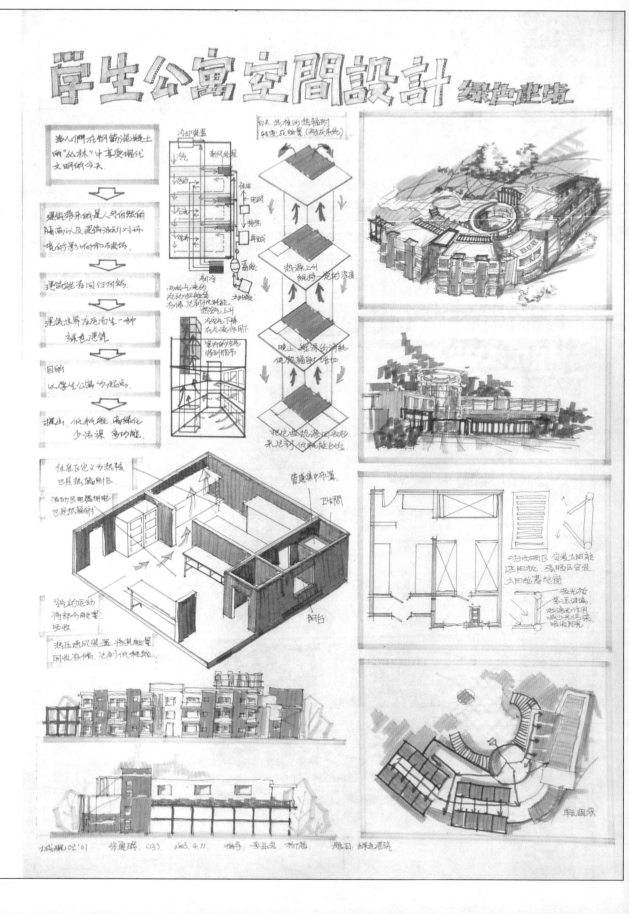

作品点评

这套设计作品最大的特点是色彩和功能结合紧密,利用色彩区分功能布局,使建筑的功能分区一目了然。

方便了评阅人,在考试中就给自己创造了机会。这种结合功能的配色方案值得参考。

分析过程层层递进,使结果真实肯定,加强了方案的说服力。

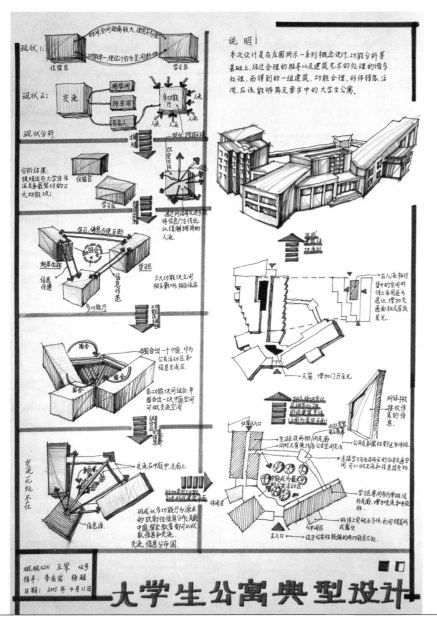

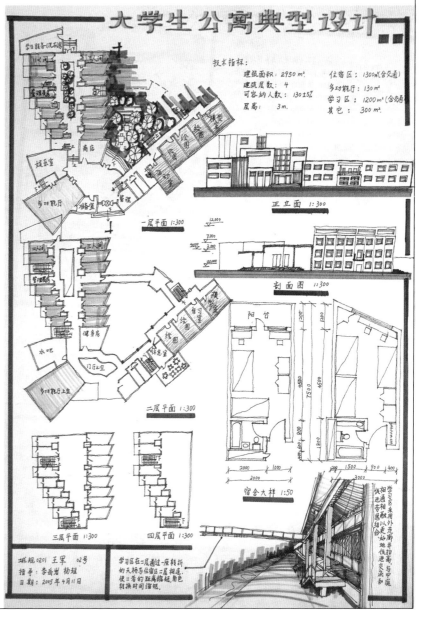

作品点评

因为不同的处理手法，两份作品带出不同的感受。

左图略施颜色，但对小空间处理不当，例如平面局部的凹凸变化过大，房间形状过于随意，影响使用功能，这种看似精心的做法却显得无谓而且缺乏依据。同时交通流线过长，交通面积偏大。

右图色彩浓烈饱满，感染力强，设计过程"有理有据"。

在充分满足功能的前提下，还能做到形体舒展利落，空间变化收放自如，是一份优秀的作品。但剖面表现不足。

从中可以看出两种设计手法的差异，左图追求丰富的"小"变化，而失去对方案全局的判断；右图注重建筑空间形象的完整性，将细节统一于整体之中。

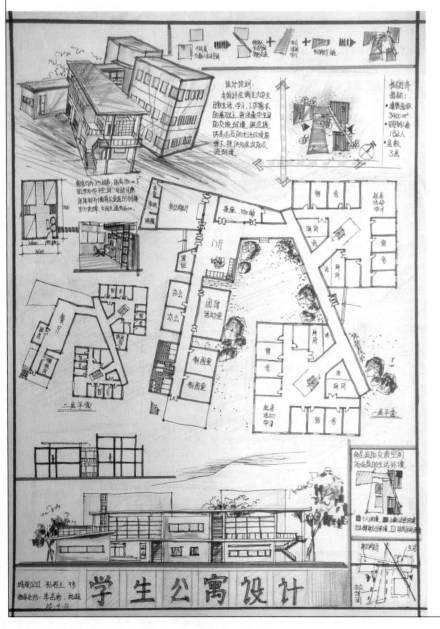

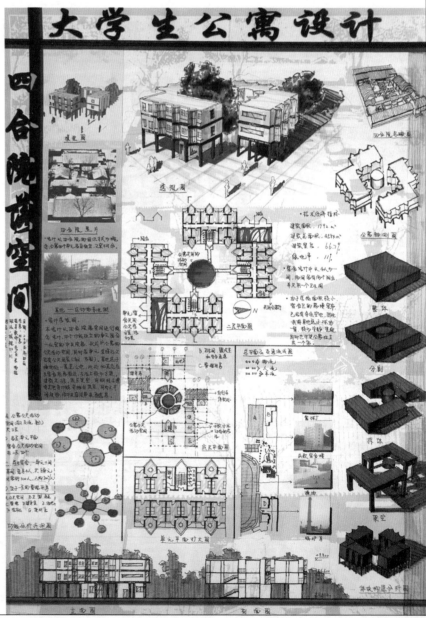

作品点评

图纸内容翔实，图面饱满，设计过程清楚，思路明晰。但局部变化太多，使方案流于零碎，同时图面效果不响亮。

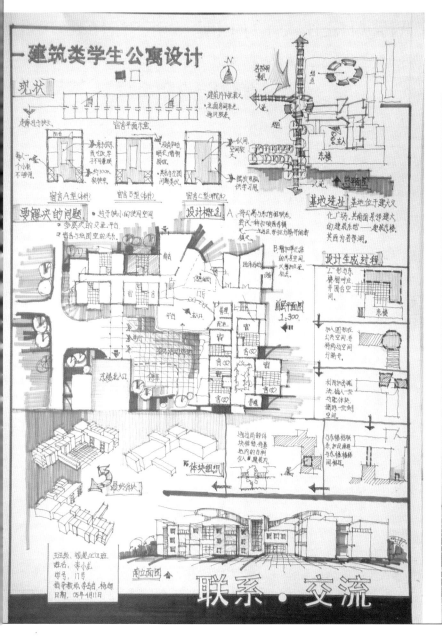

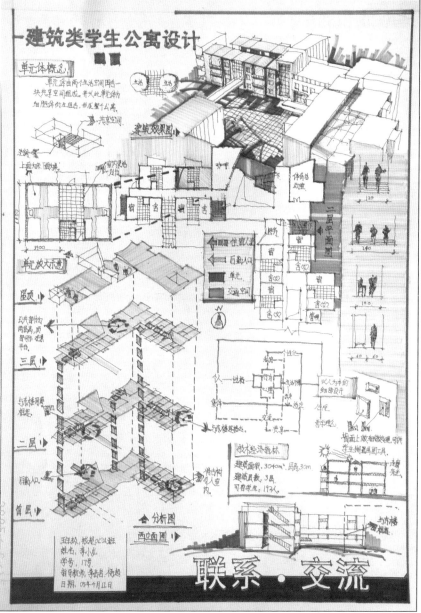

作品点评

对于内容较繁杂的图纸来说,利用网格形成背景,可以将看似平淡的内容拉结在一起,赋予图面一定的秩序。

在构图时要灵活,例如利用局部的旋转,控制图文结合等手段,才能够打破拘谨僵硬的网格,做到松弛有度。

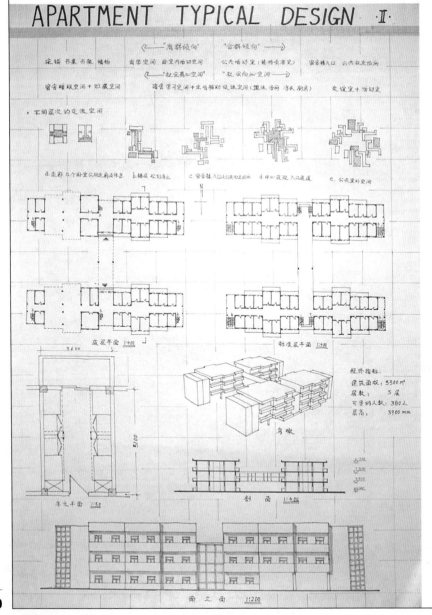

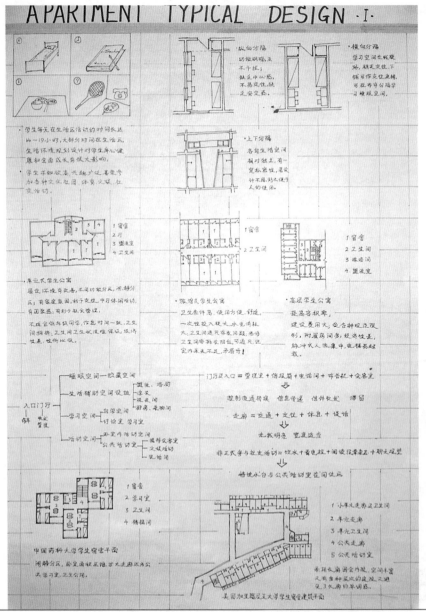

作品点评

这张住宅的外环境设计中，平面的画法、配景的运用、图面虚实的把握、流畅的线条、成熟的色彩搭配都值得参考借鉴。

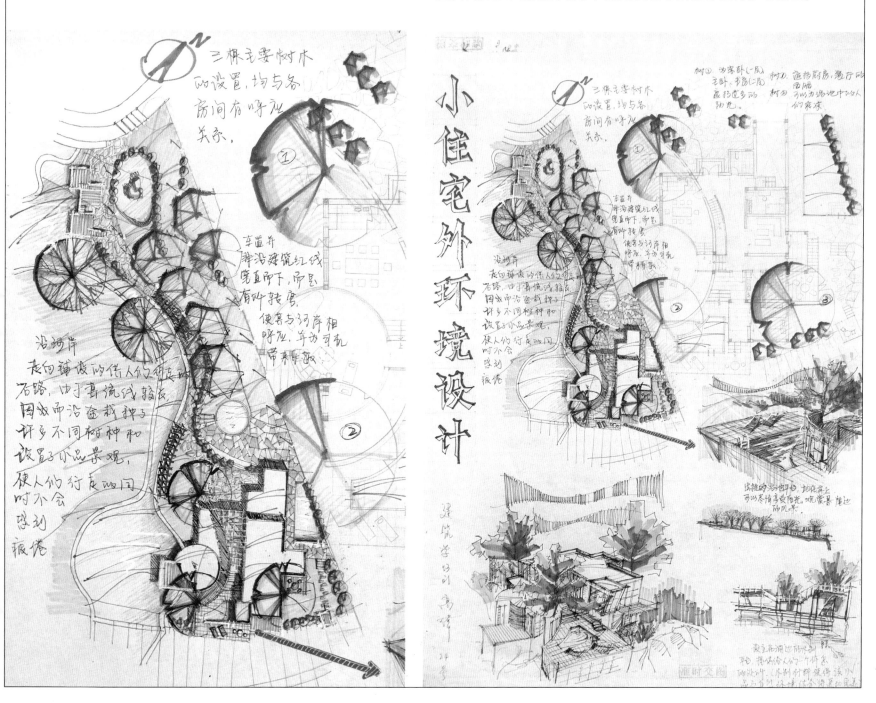

作品点评

对于周期数天的快速设计，在遵循常规设计程序的基础上，不妨利用简单的模型进行空间研究、体块分析、节点推敲，使设计成果翔实，内容可靠。

对于空间变化较多的设计而言，轴测图可以清晰地表达出空间概念。

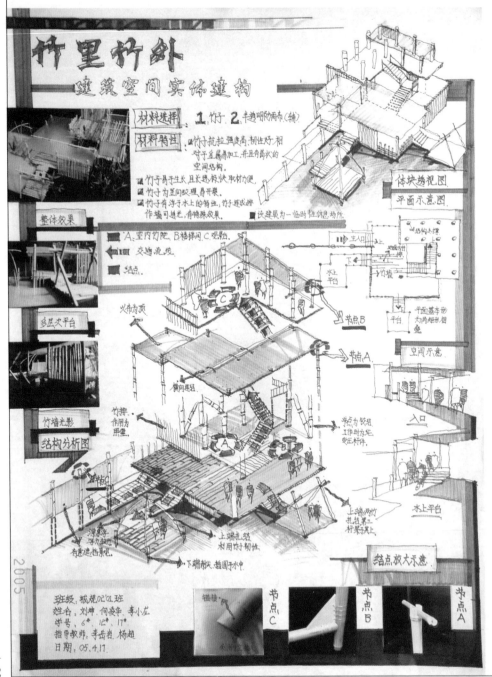

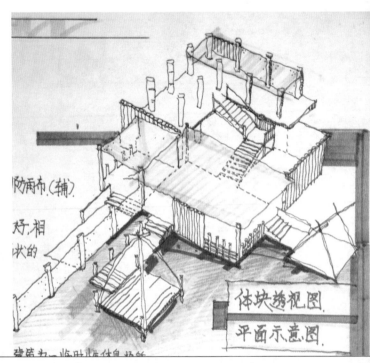

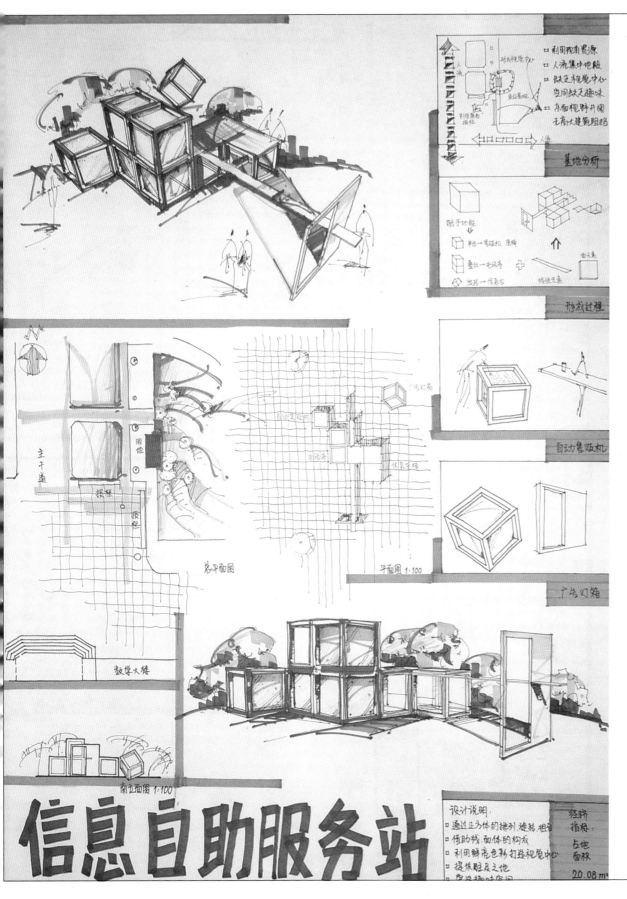

基地分析

形成过程

自动售货机

广告灯箱

主干道

彩平面图

平面图 1:100

教学大楼

南立面图 1:100

信息自助服务站

设计说明：
□ 通过正方体的排列、连接、组合
□ 借助栈、面体的构成
□ 利用鲜亮色彩 打造视觉中心
□ 提供憩息之地
□ 空间规模临时空间

经济指标
占地面积
20.08 m²

作品点评

有些熟悉建筑设计的同学，在面对小品设计时却难以发挥出原有的水准，在设计程序和表现上不得要领，缺乏章法。

小品具有体量小，功能简单，参与性强等特点，图纸内容比建筑设计少，因此表现水平对成绩影响很大。

同时，它格外强调与环境的联系，在设计中应从内因（功能、造型、质地、色彩、光影等）和外因（地理位置、历史文化、使用者特征等）两方面着手，寻找设计的切入点，并注意把握在整体环境中的角色，不能过分强调自身的个性而孤立存在。

以下几份建筑小品设计作业在设计构思、图面表现等方面各有特色，有一定借鉴意义，但也存在一些问题。

作品点评

这套图纸以"提问"和"解答"两张图纸，介入设计，多角度诠释设计对象，思路清晰，表现到位。

黑色图框设置不当，抵消了图中原本精彩的色彩表现。

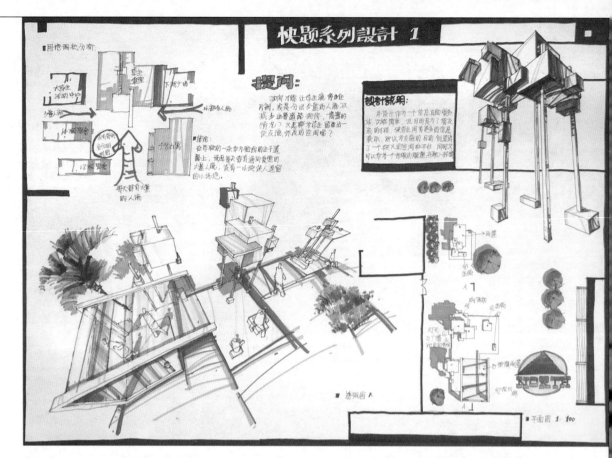

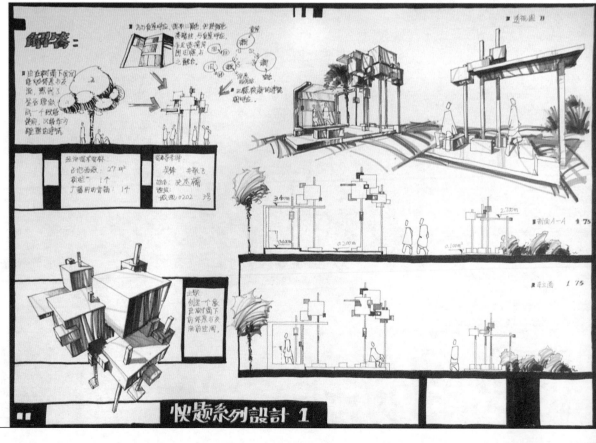

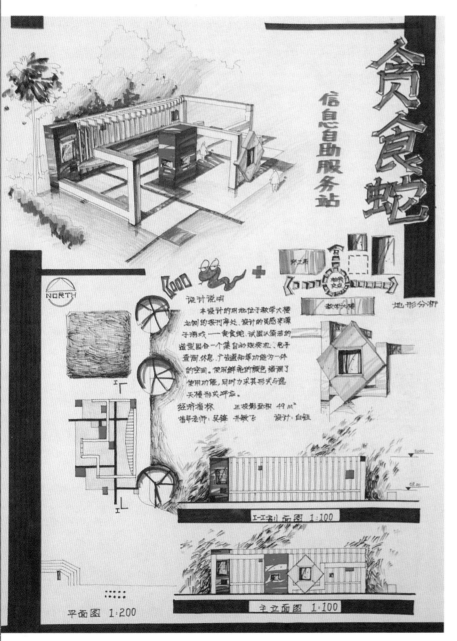

作品点评

从这两套图纸中都传达出清晰的设计思路。作者设计手法娴熟，发挥了马克笔快速表现的特点。

从右图反映出设计与环境结合不紧密，构图中设置的深色斜叉，没有起到合适的作用，导致图底关系不清，主题不明确。

左图的布图一目了然，使设计内容易于理解，局部的高纯度色块运用得当，活跃了图面气氛。同时图纸对"贪食蛇"这一主题的演绎有些牵强。

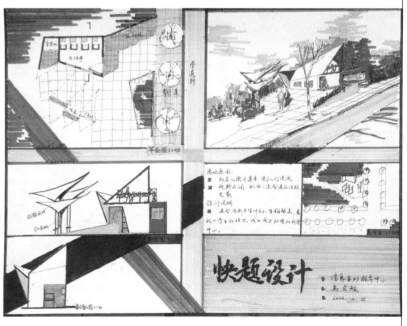

作品点评

建筑小品设计与雕塑等环境小品设计的不同之处是：处理时要注意功能性与空间感的结合，千万不能为了追求奇巧的造型而放弃对基本功能的把握。

而共同之处是：都需要严谨的态度，清晰地表达设计构思，注重图纸的可读性，对于快速设计尤是。这两张图纸在这方面表现得稍差。

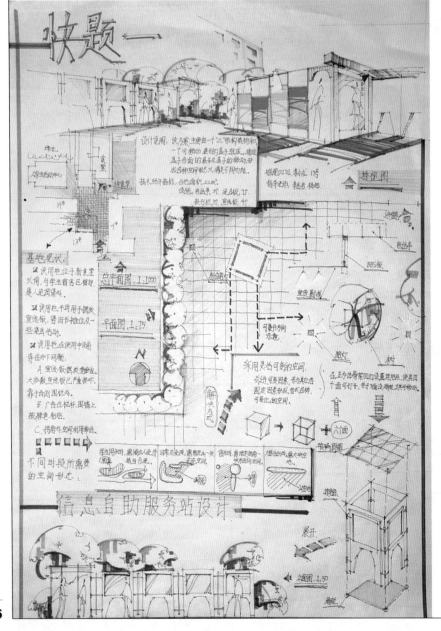

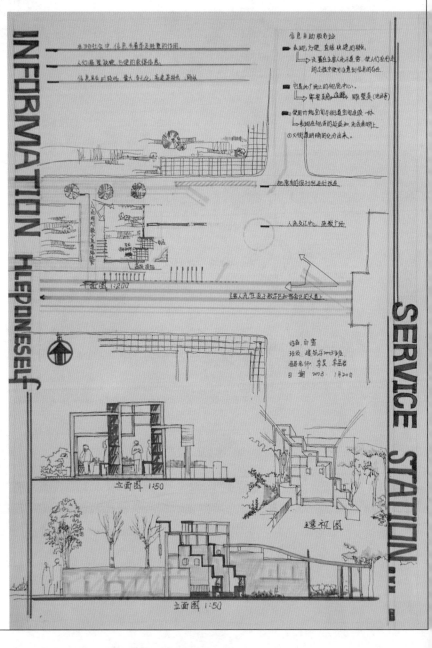

作品点评

这是针对同样的题目所作的两份截然不同的设计,从中可见,对任务书的理解、基本功的掌握、构思的出发点都在设计过程中对成果产生影响。

左图似乎想通过粗放的表现来贴和"凌乱"的设计主题,但设计立意不当,使整张图纸成为信手涂鸦之作,缺乏细节,色彩"凌乱"。

右图设计过程严谨,文字与图形并重,内容翔实,表现轻松自然。

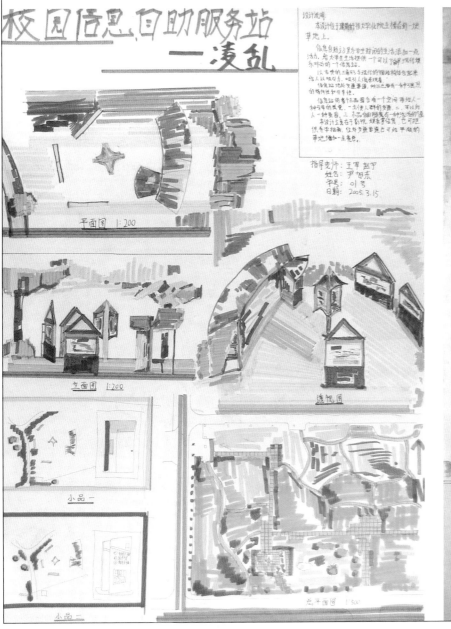

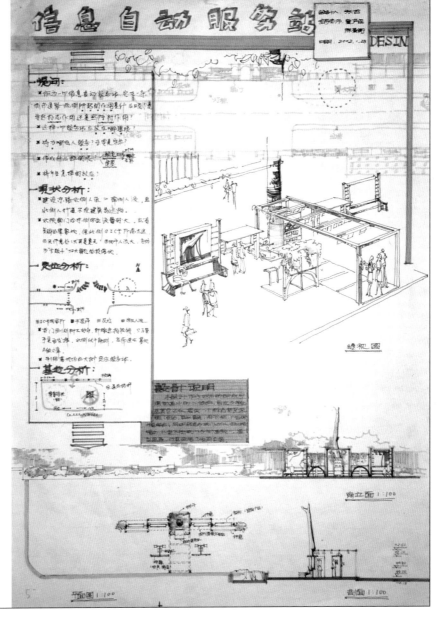

作品点评

作者想在设计中反映出淡雅的意境，同时整张图面的图底关系、色彩处理具有中国传统绘画的韵味，传达出了这种设计构思。马克笔技法娴熟。

但不足之处是对总平面应表达的设计内容认识不足，导致设计对象与周边环境关系不清楚、植物配置随意。

图纸中的单项内容过于孤立，甚至让人难以将透视图中表达的建筑形象与总平面联系起来。

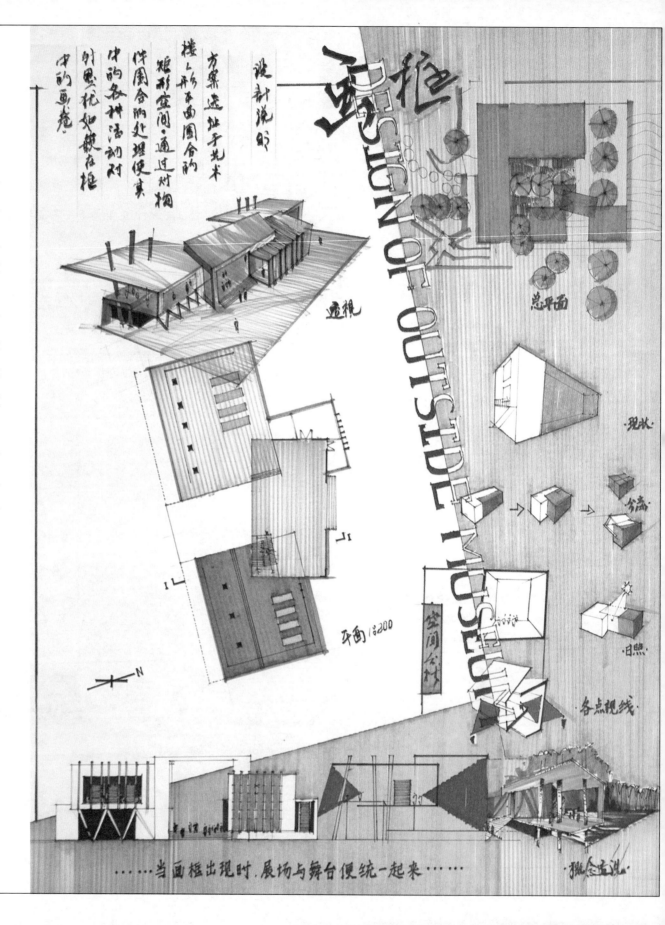

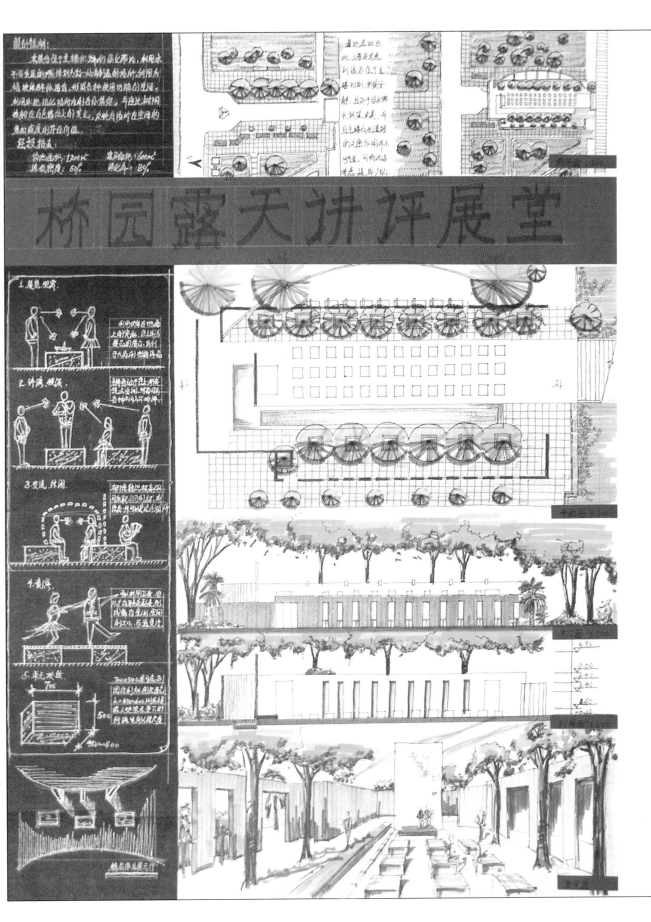

作品点评

图纸饱满，用色大胆。

设计概念和分析份量较重，但图纸上实质性的设计内容与其相比却过于肤浅，设计无法体现概念的深度。

设计与概念完全割裂开来，"构思"与"说明"就失去了它的意义。

图面上的植物配景过于抢眼，削弱了设计主体应有的表达深度。

作品点评

这两套作品中存在的问题是：缺乏设计含量，平、立面图表现深度不足；将设计工作平面化，当作绘画作品处理，单纯追求绘画效果，同时构图效果不整饬、不严谨。通过图纸难以了解设计构思。

图纸内容成为大量细节的堆砌，缺乏设计逻辑。

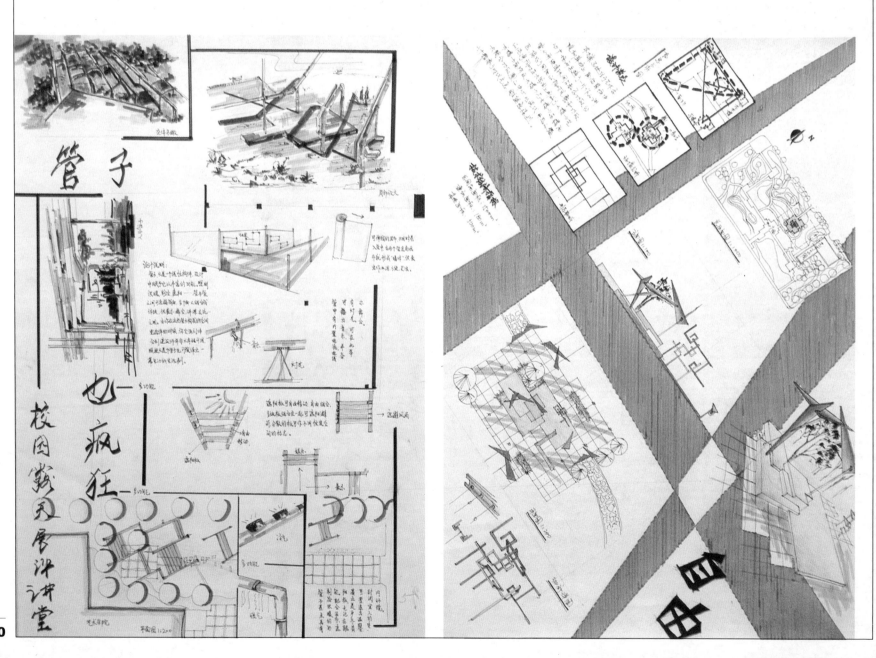

例图作者名单

本书例图提供者与作者分别为以下同学，特此感谢！

西安建筑科技大学建筑学院

阮 云、张 哲、白 雪、王 军、李小龙、高 伟、白 钰、徐惠君、
龚 坚、侯 青、程 明、陈 潜、敬 博、宋夏晖、杜 捷、贾子夫、
郭子凌、张 豪、周 琳、王铭谡、王 佳、黄 莹、王 剑、徐牧野、
徐 婧、李 博、孙 斌、王 磊、彭 亮、吕 强、于 佳、蔡征辉、
陈诗莺、阎 雯、王 宁、王 冬、王毛真、苏 蓉、石聪慧、胡 冰、
黄 芳、冯雪霏、高文龙、李 静、孙若兰、于 佳、刘 坤、何凌华、
史杰楠、马宏超、尹旭东、吴 扬、王 东

西安美术学院建筑环境艺术系

党 捷、王小卓、吴绍红、方伦磊、张晓磊、高 绪、于 洋、魏 林、
解 琨、李宝利、韩 军、张海啸、郭贝贝、谭 明、徐万鹏、吴 敏、
张 燕、陈骥乐

责任编辑：建　文

封面设计： 汇彩设计
TEL:010-68343948

快速 建筑设计与表现

KUAISU
JIANZHU SHEJI
YU BIAOXIAN

上架建议：建筑设计

ISBN 978-7-80159-979-7

9 787801 599797

定价：68.00元

专·精·志·远

为您提供专业服务

编　辑　部：010-68343948
读者服务：010-88386906
网上书店：www.jccbs.com

本社淘宝店
http://shop111593615.taobao.com/

本社微信公众号
zgjcgycbs